ABHANDLUNGEN DER DEUTSCHEN AKADEMIE
DER WISSENSCHAFTEN ZU BERLIN

Klasse für Medizin
Jahrgang 1960 Nr. 6

JOHANNES KATHE

ROBERT KOCH UND SEIN WERK

AKADEMIE-VERLAG · BERLIN
1961

Robert Koch

Ölgemälde von Bade, im Sitzungszimmer der Klasse für Medizin der DAdW zu Berlin

ABHANDLUNGEN DER DEUTSCHEN AKADEMIE
DER WISSENSCHAFTEN ZU BERLIN

Klasse für Medizin
Jahrgang 1960 Nr. 6

JOHANNES KATHE

ROBERT KOCH UND SEIN WERK

Gedenkvortrag
in der Plenarsitzung der Deutschen Akademie der Wissenschaften zu Berlin
am 28. 4. 1960

Mit 40 Abbildungen, davon 33 auf 28 Kunstdrucktafeln

AKADEMIE-VERLAG · BERLIN
1961

Vorgelegt von Hrn. KATHE in der Plenarsitzung vom 28. 4. 1960
Zum Druck genehmigt am gleichen Tage, ausgegeben am 14. 1. 1961

Erschienen im Akademie-Verlag GmbH, Berlin W 8, Leipziger Straße 3—4

Lizenz-Nr.: 202 · 100/410/61
Satz und Druck: Druckhaus „Maxim Gorki", Altenburg
Bestellnummer: 2001/60/IV/6
Preis: DM 14,—
Printed in Germany
ES 17 A

INHALT

Herr Präsident, meine Herren!

Die Erinnerung an die schöpferischen Persönlichkeiten des eigenen Volkes und an ihre Leistungen wach zu halten, ist eine der vornehmsten Pflichten einer jeden Staatsleitung und ihrer Organisationen, denen die Aufgabe obliegt, das Kulturgut der Nation zu pflegen und zu mehren; andernfalls kann sie wohl vegetieren, aber nicht leben.

Die Deutsche Akademie der Wissenschaften zu Berlin hat mich aufgefordert, das Lebenswerk ihres einstigen Mitgliedes Robert Koch bei der Feier anläßlich der bevorstehenden 50. Wiederkehr seines Todestages zu würdigen.

Ich entschloß mich, zu versuchen, dieser höchst ehrenvollen Aufgabe zu entsprechen, allerdings in vollem Bewußtsein der Schwere dieser Aufgabe, in einer flüchtigen Stunde einen Mann zu schildern, der als einmalig zu bezeichnen ist und der sich aus bescheidensten Anfängen in kurzem Lauf zu einer Größe entwickelt hat, vor der wir in Ehrfurcht staunend stehen.

Wenn ich es also gleichwohl wage, diesen einzigen Mann und sein Werk darzustellen, so gibt mir den Mut dazu die Tatsache, daß ich mich während eines nun bald 50jährigen Berufslebens als Hygieniker seiner Führung ganz bewußt anvertraut habe, ja, daß ich darüber hinaus schon als Primaner in einem selbst hergerichteten bakteriologischen Laboratorium meiner Häuslichkeit Bakteriologie nach Kochs Richtlinien betrieben habe.

Ich habe zwar nicht das Glück gehabt, Robert Kochs Assistent zu sein; aber ich habe sein Institut als mein wissenschaftliches Vaterhaus betrachtet, an das ich mich wenden konnte, wenn ich vor einer schwierigen wissenschaftlichen Frage stand, so z. B., als ich mich der Leptospirenforschung zuwandte.

Sie werden es verstehen, daß ich es als Erfüllung meines beruflichen Lebens betrachtete, als ich 1943 an des Meisters 100. Geburtstage zum Ehrenmitgliede seines Institutes ernannt wurde.

Als ich dann vier Jahre später, gegen Ende 1947, mein Arbeitsgebiet Niederschlesien, das mir 1911 zur epidemiologischen Betreuung übertragen war, verlassen mußte, nahm ich meine Zuflucht zu diesem Vaterhause. Ich habe dort gearbeitet, bis ich im Mai 1948 in unsere Zentralverwaltung für Gesundheitswesen und dann im April 1949 auf den Lehrstuhl der Hygiene nach Rostock berufen wurde.

Es wäre ein sehr abwegiges Unterfangen, im Rahmen eines kurzen Vortrages das ganze Lebenswerk dieses Bahnbrechers Robert Koch schildern zu wollen. Ich muß mich auf einige Phasen seines wissenschaftlichen Wirkens beschränken; aber auch aus ihnen wird sich ergeben, welche außerordentlichen Fortschritte wir auf dem Gebiete der Seuchenerkenntnis und der Seuchenbekämpfung Robert Koch verdanken. Es ist nicht zuviel gesagt: auf dem Gebiete der Seuchen ist mit Robert Koch eine Weltwende eingetreten. Die Ergebnisse der wissenschaftlichen Forschungen Robert Kochs haben der Welt sozusagen ein anderes Gesicht gegeben. Wir dürfen ihn als einen der großen Wohltäter der Menschheit bezeichnen.

Über diese wissenschaftlichen Erfolge seines Lebens berichtet die Inschrift einer Marmortafel, die im Mausoleum des Robert-Koch-Institutes in Berlin an der Wand gegenüber dem Epitaph angebracht ist, welches die Asche des großen Forschers birgt (Abb. 4 und 5). Auf dieser Tafel sind die wissenschaftlichen Großtaten seines arbeitsreichen, nur zu früh vollendeten Lebens in lapidarer Kürze und doch überwältigend eindrucksvoll verzeichnet. Wir lesen dort:

ROBERT KOCH

Werk und Wirken

1876	Die Ätiologie des Milzbrandes; Verfahren zur Untersuchung, zum Konservieren und zum Fotografieren der Bakterien
1878	Ätiologie der Wundkrankheiten
1880/81	Schöpfung und Ausbau der bakteriologischen Methodik. Herstellung von Reinkulturen mittels fester und erstarrungsfähiger Nährböden. Wissenschaft und Praxis der Desinfektion
1882	Die Ätiologie der Tuberkulose. Entdeckung des Tuberkelbazillus
1883/84	Cholera-Expedition nach Ägypten und Indien Entdeckung des Cholera-Vibrios
1885/90	Verwertung der Bakteriologie für die öffentliche Gesundheitspflege: Wasser — Boden — Luft
1890	Tuberkulin
1892/93	Organisation der Cholera-Bekämpfung
1896	Bekämpfung der Rinderpest in Südafrika. Immunisierung der Rinder. Untersuchungen über Schwarzwasserfieber. Malaria. Texasfieber und Tsetse-Krankheit
1897	Pest-Expedition nach Indien Lepra-Bekämpfung im Kreise Memel Neue Tuberkuline
1898/99	Malaria-Expedition nach Italien, Niederländisch-Indien und Neu-Guinea Kinder-Malaria. Chinin-Prophylaxe
1901	Trennung der Menschen- und Rindertuberkulose
1902	Organisation der Typhus-Bekämpfung im Südwesten Deutschlands
1903/05	Untersuchungen über Küstenfieber und Pferdesterben in Südafrika. Ätiologie des afrikanischen Rückfallfiebers. Zecken als Zwischenwirte. Studien über die Entwicklungsgeschichte der Piroplasmen
1906/07	Schlafkrankheitsexpedition nach Ostafrika
1908/10	Fortsetzung der Tuberkuloseforschung
1880/1910	Berater des Reiches und Preußens in der Seuchenbekämpfung

Aber das Leben und wissenschaftliche Wirken Robert Kochs war nicht nur ein ständig fortschreitender Aufstieg zu olympischen Höhen; Koch erlebte auf dem Gebiete der Tuberkuloseforschung auch den Sturz des Prometheus, der nach dem Feuer des Zeus gegriffen, um den Menschen Heil zu bringen; er glaubte sich am Ziel, er griff schon nach ihm und mußte es sich doch entgleiten lassen, bis dann eine spätere Zeit, in der wir jetzt stehen, das Problem meisterte. So liegt auch eine tiefe Tragik über dem Leben dieses Großen in der Wissenschaft. Es hieße, Koch nicht gerecht werden, wenn wir diese nicht auch in den Kreis unserer Betrachtungen einbeziehen wollten.

Am 11. Dezember 1843 wurde ROBERT KOCH im Harzstädtchen Clausthal als Sohn eines Bergmannes geboren, der es in seinem Fache durch ungewöhnliche Tüchtigkeit und hervorragenden Fleiß zu hohem Ansehen brachte; schließlich wurde KOCHS Vater, der auch mehrere Studienreisen ins Ausland unternahm, zum Leiter des gesamten Oberharzer Bergbaues ernannt. KOCHS Mutter, die ihrem Manne 13 Kinder schenkte, von denen 2 früh starben, während die übrigen angesehene Stellungen, zum Teil in Übersee, erwarben, war eine geistig hochstehende, ungewöhnlich kluge Frau, die ihren Kindern eine ausgezeichnete Erziehung im Elternhause zuteil werden ließ.

ROBERT KOCH verließ als Primus omnium das Gymnasium. Auf der Universität Göttingen zeichnete er sich durch zwei Preisarbeiten aus, eine anatomische und eine physiologische. („Über das Vorkommen von Ganglienzellen an den Nerven des Uterus", Göttingen 1865, „Über das Entstehen der Bernsteinsäure im menschlichen Organismus", Zeitschrift für rationelle Medizin, 1865.) Auffallend ist, daß er nach dem Staatsexamen etwas unstet wird. Man hat den Eindruck, als ob er noch keine klare Linie vor sich sieht. Er wechselt verschiedentlich den Wohnsitz und seine Aufgaben. Ein starkes Erlebnis beeindruckt ihn in Hamburg, wo er vorübergehend ärztlich tätig ist. Er erlebt dort einen Choleraausbruch — nicht den großen des Jahres 1892. Schließlich wird er seßhaft in Wollstein in der damaligen Provinz Posen. Jedenfalls hatte die Choleraepidemie ihn tief beeindruckt und gab ihm Anlaß, sich nunmehr von 1872 an in Wollstein mit Seuchenuntersuchungen zu beschäftigen. In seinem Sprechzimmer hatte er durch einen Vorhang einen kleinen Raum abgetrennt, sein Laboratorium, die Arbeitsstätte, in der er nun in wenigen Jahren eine neue Wissenschaft ins Leben rief, die Bakteriologie.

Was fand KOCH auf diesem Gebiete vor? Welche Anschauungen herrschten über die Ursachen der Seuchen? Die Wissenschaft stand hier in einem Umbruch. ROBERT KOCH griff mit ordnender Hand ein und lenkte die Forschung in Bahnen, auf denen er Erfolg auf Erfolg erringen konnte. Ich will mich hier ganz kurz fassen. Neben der mystischen Auffassung von der Ursache der Seuchen suchte sich schon im klassischen Griechentum eine naturwissenschaftliche Ausrichtung Geltung zu verschaffen: Der große Arzt des klassischen Altertums HIPPOKRATES, dem wir das Fundament unserer ärztlichen Ethik verdanken, schuf bereits eine wissenschaftliche Seuchenlehre. Er sah die Ursache der ansteckenden Krankheiten in Luftverunreinigungen, die von faulendem, gärendem Material ausgehen sollten, den sogenannten Miasmen. Diese Auffassung hat sich, mannigfach abgewandelt, bis in unsere Zeit erhalten und in der Lehre PETTENKOFERS, des großen Münchener Hygienikers, zeitweise eine beherrschende Rolle gespielt. Kein Geringerer als RUDOLF VIRCHOW hat sich 1848 in seiner Beschreibung des oberschlesischen Hungertyphus, wir sagen heute: des Fleckfiebers, zu dieser Miasmenlehre bekannt, und noch 20 Jahre später hat er an dieser seiner Auffassung festgehalten, wie aus einer Äußerung in einer seiner Publikationen hervorgeht: „Je weniger Lufterneuerung, je schlechter die Ventilation, um so schneller bildet sich im geschlossenen Raum das Typhusmiasma."

Diesen sogenannten Miasmatikern erstanden dann um die Mitte des vergangenen Jahrhunderts, und auch schon etwas vorher, Gegner in den sogenannten Kontagionisten, deren führender Kopf JACOB HENLE, der Lehrer KOCHS in der Göttinger Anatomie, war. Diese Kontagionisten glaubten an ein Kontagium animatum, an einen belebten Erreger, als Ursache der ansteckenden Krankheit, einen Erreger, der durch Berührung, durch Kontakt auf den Gesunden übertragen wird. HENLE hatte, seiner Zeit weit vorauseilend, drei Forderungen aufgestellt, die erfüllt sein müßten, um einen Mikroorganismus als Erreger einer Seuche anzuerkennen:

1. Er muß sich regelmäßig im infizierten Körper nachweisen lassen.
2. Er muß sich aus dem erkrankten Körper isolieren, in Reinkultur züchten und in solcher genauer untersuchen lassen.
3. Mit dieser Reinkultur muß sich beim Versuchstier das entsprechende Krankheitsbild erzeugen lassen.

Das sind im wesentlichen auch heute noch die Bedingungen, die wir erfüllt sehen wollen, um einen Mikroorganismus als ursächliches Moment einer bestimmten Infektionskrankheit anzusprechen. JACOB HENLE hatte bereits die Vermutung geäußert, daß diese hypothetischen Erreger pflanzlicher Natur sein müßten. Sie aufzufinden, war nun das heiße Bemühen der Forscher. Schon LOUIS PASTEUR, der große Franzose, hatte sich mit Erfolg mit der Züchtung von Bakterien, die bei der Fäulnis und der Gärung auftreten, auf künstlichen, flüssigen Nährsubstraten, der Nährbouillon, beschäftigt. In Deutschland war es FERDINAND COHN, der große Botaniker, der diese Arbeiten weiterführte und damit die Grundlage für ROBERT KOCHS epochale Tat schuf. COHN entwickelte die Methoden der Züchtung der Bakterien weiter und lehrte die Trennung der verschiedenen Arten auf künstlichen Nährböden. Hauptsächlich wurde damals die gekochte Kartoffel für diesen Zweck verwandt. Durch Verimpfung des Untersuchungsmaterials auf die Oberfläche von gekochten Kartoffelscheiben gelang es, einzelne Kolonien der in dem Untersuchungsmaterial enthalten gewesenen Bakterien zu erzielen. Impfte man von diesen Einzelkolonien dann weiter auf neue Nährböden, so bekam man die Reinkultur (Abb. 6).

FERDINAND COHN entwickelte sich zum Wortführer der Forschungsrichtung, die die Auffassung vertrat, daß es verschiedene Formen der Bakterien gäbe, kugelförmige, stäbchenförmige, schraubenförmige, und daß sich ein kugelförmiges niemals in ein schraubenförmiges umwandele, sondern auch bei Fortzüchtung auf neuen Nährböden immer wieder kugelförmige Bakterien erzeuge, die auf ungeschlechtlichem Wege, lediglich durch Spaltung entstehen. FERDINAND COHN griff damit in einen wissenschaftlichen Streit ein, den zwei Gruppen gegeneinander führten, die Monomorphisten und die Pleomorphisten.

KOCH wurde mit seiner ersten Veröffentlichung aus dem Wollsteiner Laboratorium über „Die Ätiologie der Milzbrandkrankheit, begründet auf die Entwicklungsgeschichte des Bazillus anthracis", erschienen in Band II von COHNS Beiträgen zur Biologie der Pflanzen 1876, in diesen Streit hineingezogen. Er wurde im Laufe seiner Forschungen der namhafteste Vertreter des Monomorphismus, der auch noch für die meisten von uns heutigen Bakteriologen maßgebend ist. Er führte ROBERT KOCH im weiteren Verlaufe seiner Studien zur Auffassung von der Konstanz der Arten und der Spezifität der krankheitserregenden Bakterien, eine Lehre, die das Fundament unserer modernen Seuchenbekämpfung geworden ist und ihren Niederschlag in den Seuchengesetzen fand.

Aber noch einmal zurück zu den beiden Kampfgruppen, den Monomorphisten und den Pleomorphisten. Der Pleomorphismus ist die Lehre von der Vielgestaltigkeit, der Wandlungsfähigkeit der Organismen. Der Botaniker SCHMIDT hat sich vor einigen Jahren in einem Vortrage über den Pleomorphismus in der Mikrobiologie grundsätzlich geäußert. Im Sinne SCHMIDTS können wir den Begriff Pleomorphismus noch dahin erweitern, daß es sich dabei sowohl um eine Umwandlung einer Mikroorganismenart in die andere als auch um die Verwandlung von Zellorganellen und kleinsten organischen Zellplasmabestandteilen in selbständige Organismen handelt. In ihren Grundgedanken wurde diese Lehre des Pleomorphismus schon von der griechischen Naturphilosophie vertreten; sie ist so alt wie das naturwissenschaftliche Denken überhaupt; sie steht in engster gedanklicher Verbindung mit der Idee von der Urzeugung.

Von den Pleomorphisten jener Zeit kurz vor dem Auftreten ROBERT KOCHS seien nur zwei genannt: HALLIER und NAEGELI, von denen der letztere dann in einen überaus heftigen Streit mit ROBERT KOCH geriet. HALLIER, der seit 1864 als Nachfolger SCHELIDENS den Lehrstuhl der Botanik in Jena inne hatte, und der hier 1868 in seinen „Parasitologischen Untersuchungen" über die Umwandlung des damals als Erreger der Cholera vermuteten ,,Mikrokokkus cholerae" und die Sporen des Pilzes des Reisbrandes Orocystes orycae berichtete. Aus diesen Sporen sollten durch Keimung ein Cladosporium, eine Pilzart oder ein Penicillium, entstehen; in flüssigen Substraten dagegen wieder Mikrokokken. Reispflanzen, die mit Cholerastühlen gedüngt waren, sollten brandig geworden sein, und damit sollte, nach dieser Auffassung, der Beweis eines Zusammenhanges zwischen diesem bakteriellen Erreger der Cholera des Menschen und dem Branderreger des Reises im Sinne des Pleomorphismus gesichert sein.

Am schärfsten brachte aber die pleomorphistische Auffassung der Münchener Botaniker VON NAEGELI 1878 zum Ausdruck, als er sagte: „Es gibt keine echten Bakterienarten, vielmehr ist die Variabilität der Bakterien eine unbegrenzte. Die gleiche Spezies nimmt im Laufe der Generationen abwechselnd verschiedene morphologisch und physiologisch ungleiche Formen an, die im Laufe von Jahren und Jahrzehnten bald die Säuerung der Milch, bald die Fäulnis der Eiweißstoffe, bald Diphtherie, bald Typhus, bald Cholera, bald Wechselfieber erzeugen", — also völlige Ablehnung der Konstanz der Arten und der Spezifität der Erreger.

Eine Widerlegung des Pleomorphismus war nur möglich auf dem Wege über die Reinkultur. Sie aber setzte als Vorbedingung die Anwendung der festen Nährböden voraus. PASTEUR und FERDINAND COHN hatten wichtige Vorarbeiten nach dieser Richtung geleistet und damit die Grundlage für KOCHS epochale Tat geschaffen.

1876 erschien, wie bereits erwähnt, die erste Publikation ROBERT KOCHS über „Die Ätiologie der Milzbrandkrankheit, begründet auf die Entwicklungsgeschichte des Bazillus anthracis", mit der er die neue bakteriologische Wissenschaft begründete. Dieser ersten Mitteilung folgte zwei Jahre später die Veröffentlichung über „Die Wundinfektionskrankheiten", für deren Erreger BILLROTH und LISTER noch pleomorphistische Regeln aufgestellt hatten. KOCH wies nach, daß auch hier der Monomorphismus, die Konstanz der Arten und die Spezifität der Erreger herrscht, ebenso wie beim Tuberkelbakterium, das er 1882 entdeckte, und beim Choleravibrio, der großen Tat des Jahres 1884.

Der Eindruck dieser Veröffentlichungen von KOCH in der wissenschaftlichen Welt war ein ganz außerordentlicher. Erschien da der junge Wollsteiner Kreisphysikus als Unzünftiger in der Arena der wissenschaftlichen Kämpfer und zertrümmerte mit wenigen wuchtigen Hammerschlägen überalterte Gedankengebäude und schuf eine neue Wissenschaft, die durchaus monomorphistisch ausgerichtet war. Jahrzehnte später hat CARL FLÜGGE, der große Hygieniker, in einem Festartikel für ROBERT KOCH die damalige Situation auf naturwissenschaftlich-medizinischem Gebiete sehr eindrucksvoll charakterisiert: „Man muß diese Zeit miterlebt haben, um zu verstehen, daß es geradezu eine Erlösung bedeutete, als die Seuchenerreger, für die man sich so glühend interessierte, über deren Natur aber die schroffsten Widersprüche laut wurden, nunmehr wirklich dargestellt und auf ihre Lebenseigenschaften experimentell geprüft werden konnten."

Abgesehen vielleicht von der Entdeckung des Tuberkelbakteriums 1882 wird diese erste wissenschaftliche Publikation Robert Kochs aus dem Jahre 1876 über den Milzbrandbazillus als die bedeutendste wissenschaftliche Leistung Robert Kochs aufgefaßt werden müssen. Warum war sie so hoch zu bewerten? Durch Pollender wußte man seit 1858, daß im Milzblut von an Anthrax verendeten Kühen stabförmige, bewegungslose Körperchen gefunden werden, die im Blute gesunder Rinder nie zu sehen sind. Der Autor hielt sie für pflanzliche Gebilde, wußte sie aber nicht recht zu deuten. 1863 erklärte Davaine diese Gebilde als Erreger des Milzbrandes, nachdem er mit einem derartigen Milzbrandblut, selbst noch in starker Verdünnung, durch Injektion in ein Versuchstier Milzbrand bei diesem erzeugt hatte. Aber die dritte Forderung Henles war noch nicht erfüllt: Die Gewinnung der Reinkultur und die Erzeugung eines echten Milzbrandes mit ihr bei dem Versuchstier. Kurz vor der Veröffentlichung Kochs im Jahre 1876 hatte Harz mitgeteilt, daß diesem Stäbchen im Milzbrandblute jegliche ursächliche Bedeutung abgesprochen werden müßte; es handele sich um nichtorganisierte Gebilde.

Koch schloß aus epidemiologischen Erwägungen, daß dieser Milzbrandbazillus, der in seiner Bazillenform an sich recht empfindlich ist, unter Umständen eine außerordentliche Widerstandsfähigkeit gegen schädigende Einflüsse, wie etwa jahrelange Eintrocknung, zeigt. Offenbar müsse der Milzbrandbazillus Dauerformen bilden, wie das auch schon Ferdinand Cohn vermutet hatte. Nur so waren nach Koch die verstreuten Fälle von Anthrax zu erklären, die sich nicht auf einen Kontakt mit Kranken zurückführen ließen.

Mit einer von ihm entwickelten mikroskopischen Technik beobachtete er die Vermehrung der Milzbrandbazillen in dem Nährsubstrat; er sah, wie sich in dem Bazillenleib unter Bedingungen, die er zu gestalten vermochte, Sporen, Dauerformen bildeten, und er sah schließlich bei erneuter Änderung der Entwicklungsbedingungen, wie aus diesen Sporen wieder Bazillen auskeimten und sich durch Spaltung weiter entwickelten. Niemals erfolgte eine Variation, eine Umwandlung des Milzbrandbazillus über diesen engen Formenkreis hinaus. Später hat der Botaniker Buchner geglaubt, feststellen zu können, daß sich harmlose Heubazillen in Milzbrandbazillen umwandeln können, ein Irrtum, dem dann noch mancher bakteriologische Anfänger erlegen ist.

Robert Koch, dieser so ungemein kritische, pedantisch gewissenhafte Mikrobiologe, sah nie derartige Umwandlungen, weil es sie eben nicht gibt. Die so viel umstrittene Konstanz des Erregers, seine Spezifität war für den Milzbrandbazillus einwandfrei nachgewiesen, und damit erhielt diese erste Veröffentlichung Robert Kochs eine weit über den Rahmen der Entdeckung eines Krankheitserregers hinausgehende wissenschaftliche Bedeutung.

Der Eindruck dieser Publikationen in der wissenschaftlichen Welt war, wie ich schon sagte, ein außerordentlicher. Der Streit zwischen Miasmatikern und Kontagionisten war zugunsten der letzteren entschieden. Der Streit, der zwischen Pleomorphisten und Monomorphisten unter dem Feldgeschrei: hie Naegeli, hie Ferdinand Cohn ausgefochten wurde, endete durch Robert Kochs Forschungsergebnisse zugunsten seines Förderers Ferdinand Cohn.

Die Unentwegten gaben sich freilich noch nicht geschlagen. Naegeli sagte noch 1882, im Jahre der Entdeckung des Tuberkelbakteriums, in seinen „Untersuchungen über die niederen Pilze": „Ein System der Spaltpilze nach Gattungen und Arten mit den jetzigen Hilfsmitteln aufzustellen, hat keinen wissenschaftlichen Wert; denn wollte jemand wirklich behaupten, daß er mit den bescheidenen Merkmalen Genera und Spezies unterscheiden und erkennen könnte, so würde er nur seine wissenschaftliche Unwissenheit bekennen können."

Nur noch zwei Jahre nach der Veröffentlichung der bedeutsamen Schrift „Die Wundinfektionskrankheiten" (1878) konnte Koch in der Stille Wollsteins wissenschaftlich arbeiten. In seinem primitiven, behelfsmäßigen Laboratorium entwickelte er noch, wie ich schon erwähnte, die mikrobiologisch-mikrofotografische Technik, in der er in kurzer Zeit Meister wurde. Einer glücklichen Fügung verdanke ich den Besitz einiger Diapositive, die wir von Negativen anfertigen konnten, die ROBERT KOCH damals 1876 FERDINAND COHN geschenkt hatte, und die noch als kostbare Erinnerungsstücke an jene medizinhistorische Stunde des Jahres 1876 aufgehoben wurden, da ROBERT KOCH seine Milzbrand-Kulturen FERDINAND COHN und den Kollegen der Medizinischen Fakultät Breslau demonstrierte (Abb. 8a, b, c). COHN zeigte sie auf einer wissenschaftlichen Tagung und bemerkte dazu: „Die Fotografien zeigen Geißeln bei Bakterien, Bazillen und Spirillen sowie Sporenbildung in vielen Arten, die man bisher noch nicht kannte. Dr. KOCH, durch seine epochemachenden Untersuchungen über den Milzbrand bekannt, hat sich durch die von ihm mit außerordentlicher Ausdauer und Geschicklichkeit zu glücklichem Erfolge gebrachte Methode des Fotografierens der Bakterien ein hervorragendes Verdienst um die Kenntnis dieser Wesen erworben."

Auch von seiten früherer Gegner fand KOCH nun Anerkennung. BILLROTH, der große Chirurg, früher Miasmatiker, schrieb nach der Lektüre von KOCHS Veröffentlichung über die Wundinfektionskrankheiten an seinen Fachgenossen GERSUNY: „Ganz beglückt bin ich durch die Lektüre von KOCHS Arbeit, KOCH wächst als einer der bedeutendsten Naturforscher unserer Zeit riesengroß."

1880 begann seine Tätigkeit im Kaiserlichen Gesundheitsamt, in das er berufen war. Hier hatte er nun ganz andere Arbeitsbedingungen als in Wollstein. Mitarbeiter hatte er zur Seite, die mit ihm und nach ihm den Ruhm deutscher Wissenschaft in alle Welt tragen sollten, insbesondere LOEFFLER und GAFFKY.

Das Wirken ROBERT KOCHS im Reichsgesundheitsamt begann mit der Bearbeitung eines besonders dringlichen Problems, der Erforschung der Ursache der Tuberkulose. Nach noch nicht zwei Jahren war die Aufgabe gelöst, die Ursache der verheerenden Volksseuche geklärt. Am 24. März 1882, einem der großen Tage der Medizingeschichte, teilte KOCH die Ergebnisse in der Physiologischen Gesellschaft in Berlin mit. Die Größe dieser Leistung geht aus einem Worte hervor, das FRIEDRICH LOEFFLER, der Meisterschüler ROBERT KOCHS, zum 25jährigen Gedenktage der Entdeckung des Tuberkelbakteriums schrieb: „Der 24. März 1882 wird ein Gedenktag in der Geschichte der Menschheit bleiben."

Auch die Zeit vor ROBERT KOCH hatte sich schon wissenschaftlich und praktisch um das Tuberkuloseproblem bemüht; war es doch dringend wie kaum ein anderes. Auch hier standen sich zwei Auffassungen gegenüber: die einen hielten die Tuberkulose für konstitutionell, also erblich bedingt, für eine sogenannte dyskrasische Erkrankung ohne Ansteckungsgefahr; die andere trat für die infektiöse Natur des Leidens, für seine Übertragbarkeit ein. Die Beobachtungen, die für die Seuchennatur der Krankheit sprachen, mehrten sich. Schon 1843 infizierte KLENKE Kaninchen mit tuberkulösem Material, Versuche, die 1865 von VILLEMIN mit positivem Erfolge wiederholt wurden; allerdings nicht mit menschlichem Material, sondern mit dem perlsüchtiger Rinder.

Einen großen Fortschritt bedeuteten die Versuche COHNHEIMS, später auch BAUMGARTENS, welche tuberkulöses Material in die vordere Augenkammer von Kaninchen impften und regelmäßig, wie durch ein Fenster, das Angehen einer Tuberkulose in der Regenbogenhaut beobachten konnten.

Aber es fehlten noch die wichtigsten Glieder in der Beweiskette: Der Nachweis des Erregers, seine Reinkultur und die Erzeugung der Tuberkulose beim Versuchstier mit dieser Reinkultur. 1882, noch kurz vor dem Vortrage ROBERT KOCHS in der Physiologischen Gesellschaft in Berlin, schrieb COHNHEIM in seinem Buche über Allgemeine Pathologie: „Der direkte Nachweis des tuberkulösen Virus ist als ein bis heute noch ungelöstes Problem zu betrachten." In dem Vortrage KOCHS am 24. März, für den er das vieldeutige Thema: „Über Tuberkulose" gewählt hatte, wurde das Problem gelöst: die Tuberkulose ist keine konstitutionell bedingte dyskrasische Erkrankung, sondern eine Infektionskrankheit, und ihr Erreger ist einzig und allein das Tuberkelbakterium.

Nur der Fachmann vermag zu würdigen, wie schwer errungen dieser Sieg war. Die üblichen Färbemethoden, die beim Nachweis des Milzbrandbazillus so erfolgreich gewesen waren, versagten gegenüber dem Tuberkelbakterium, das eine Wachshülle besitzt und deshalb durch die üblichen wäßrigen Farbstoffe nicht färbbar ist, vielmehr einer vorherigen Beizung bedarf. Auch die beim Milzbrand erwähnten Nährlösungen zur Züchtung versagten gegenüber den wesentlich anspruchsvolleren Tuberkelbakterien. Es mußte ein neuer Nährboden aus erstarrtem Rinderblutserum entwickelt werden. Nach jeder dieser Richtungen gelangte Koch in unendlich mühevoller, ihn Tag und Nacht in Anspruch nehmender Arbeit zum Erfolge. Getreu seinem Grundsatz, den er auch seinen Mitarbeitern einzuprägen sich bemühte: „Nicht locker lassen", mit dem schon der Vater im Bergwerk seine Kumpel angefeuert hatte, stellte Koch die Tuberkelbakterien mikroskopisch durch ein besonderes Färbeverfahren dar. Er züchtete sie auf besonderem Nährboden in Reinkultur, und mit diesen Reinkulturen infizierte er Meerschweinchen und Kaninchen, die dann an einer typischen Tuberkulose eingingen.

Noch war Koch mit der Fortführung der Tuberkulosearbeiten und der Niederschrift der großen 1884 erschienenen Arbeit über die Ätiologie der Tuberkulose beschäftigt, als eine neue, schwere Aufgabe auf seine Schultern gelegt wurde: die Erforschung der Ursache der Cholera und ihre Bekämpfung.

Das Heimatland der Cholera ist das Gangesdelta, das wohl von altersher mit Cholera verseucht ist. Eine gewaltige Ausdehnung gewann die Krankheit zum ersten Male am Anfang des 19. Jahrhunderts. Seitdem hat sie in sieben großen Seuchenzügen fast die ganze Erdoberfläche heimgesucht und viele Millionen Menschen dahingerafft. Sie steht noch immer drohend vor den Toren Europas. Im September 1947 trat sie wieder in Ägypten auf und breitete sich rasch, vorwiegend durch Kontakte, über das Land aus. Fast 21000 Menschen erkrankten, von denen über 10000 starben.

Im Jahre 1883 kam die Cholera, offenbar vermittelt durch mohammedanische Pilger, die aus Indien nach Mekka geströmt waren, nach Ägypten und breitete sich dort rasch aus. Die ägyptische Regierung wandte sich mit der Bitte um Hilfe an Deutschland und Frankreich. Beide Regierungen entsprachen der Bitte. Die französische Regierung sandte 1883 eine Kommission nach Ägypten, der Männer wie Nocard und Roux, der spätere Nachfolger Louis Pasteurs in der Leitung des Pariser Institutes, angehörten; auch der junge Forscher Thouillier, der sein Leben dafür opferte. Ein kennzeichnender Charakterzug für den sonst so sachlichen Robert Koch: Er hörte von der schweren Erkrankung Thouilliers, er suchte ihn auf, und als der Sterbende ihn fragte: „Ist der von mir gefundene Mikroorganismus der Choleraerreger?", antwortete er: „Ja, Sie haben ihn gefunden." Mit einem glücklichen Lächeln des Siegers auf den verfallenen Zügen entschlief Thouillier. Sein Mikroorganismus war nicht der Choleravibrio.

Im Herbst dieses Jahres berichtete die französische Kommission, daß es bei der Vielartigkeit der Bakterien im Darm der Cholerakranken nicht möglich sei, eine bestimmte Bakterienart als Ursache der Erkrankung anzusprechen.

Bald darauf reiste Koch mit seiner Arbeitsgruppe, zu der Gaffky und Bernhard Fischer gehörten, in das Epidemiegebiet. Sie hatten den Franzosen eines voraus, den vor kurzem von Koch entwickelten festen Nährboden, die Nährgelatine, anstatt des bisher von Pasteur und seinen Mitarbeitern benutzten flüssigen Substrates, der Nährbouillon. Mit Hilfe dieses festen Nährbodens ließen sich unschwer aus einer bunten Flora von Bakterien die einzelnen Arten isolieren und in Reinkulturen züchten. „Vraiment, c'est un grand progrès" rief Pasteur aus, als ihm die Methode zum ersten Male demonstriert wurde.

Die deutsche Cholerakommission war etwas zu spät nach Ägypten gekommen. Die Seuche war dort schon wieder im Erlöschen. Nur einige tastende Untersuchungen konnten von ihr Ende August 1883 durchgeführt werden. Sie lieferten gewisse Anhaltspunkte hinsichtlich des Erregers, brachten aber noch nicht die endgültige Entscheidung.

Mit Genehmigung der damaligen Regierung reiste daher Koch mit seinem Arbeitsteam nach Indien weiter (Abb. 11). Dort war die Kraft der Seuche noch nicht gebrochen. Hier gelang der endgültige Nachweis des Erregers, der im Darm des Cholerakranken in fischzugartigen Massen vorhanden ist und dessen Gift, das Choleratoxin, eine so verheerende Wirkung ausübt. Ihrer gekrümmten Form wegen bezeichnete Koch die Erreger zunächst als „Kommabazillen". Sie wurden später zu den Vibrionen gerechnet, dieser Untergruppe der Spirillen.

Kurze Zeit nach der Publikation über die Cholera veröffentlichte Koch „Weitere Mitteilungen über ein Heilmittel gegen Tuberkulose". Hier berichtete er bereits über therapeutische Experimente am Menschen bei Lupus und bei der Lungentuberkulose. Er erklärte: „Nach diesen Erfahrungen möchte ich annehmen, daß beginnende Phthise durch das Mittel mit Sicherheit zu heilen ist. Teilweise mag dies auch noch für nicht weit fortgeschrittene Fälle gelten."

Dieses Mittel war das Tuberkulin. Koch selbst charakterisierte es als einen Glyzerinextrakt aus Reinkulturen der Tuberkelbakterien. Später und auch heute noch wird das Tuberkulin dadurch gewonnen, daß man die Glyzerinbouillon auf $^1/_{10}$ des Volumens eindampft und diese konzentrierte Flüssigkeit, die vom Ausgangsmaterial der flüssigen Kultur her reichlich Glyzerin enthält, dann durch bakteriendichte Filter gibt.

Der Eindruck dieser Mitteilung in aller Welt war ein ungeheurer. Die an Tuberkulose leidenden Menschen schöpften neue Hoffnung. In Scharen strömten sie nach Berlin, um sich von Koch behandeln zu lassen. Aber sehr bald ließ es sich nicht mehr leugnen: das neue Tuberkuloseheilmittel hielt nicht, was man sich von ihm versprochen hatte.

Die Enttäuschung in ärztlichen Kreisen, in den Kreisen der Kranken, war riesengroß, vergleichbar etwa der Enttäuschung über das Versagen der Pockenschutzimpfung nach Eduard Jenners Großtat in den zwanziger Jahren des 19. Jahrhunderts, als man sich noch der irrtümlichen Auffassung hingab, die einmalige Pockenschutzimpfung bewirke eine Dauerimmunität.

Auf eines muß in diesem Zusammenhang nachdrücklich hingewiesen werden, um gegenüber Koch gerecht zu sein: wohl als Therapeutikum hat das Tuberkulin versagt, nicht aber als Diagnostikum. Kein Geringerer als der Pädiater Georg Bessau hat einmal erklärt, wenn Robert Koch nichts anderes geschaffen hätte als das Tuberkulin, wäre sein Name unsterblich geworden.

Koch gab den Kampf um das Tuberkulin auch als Therapeutikum nicht auf. Er, der seinen Mitarbeitern immer wieder einhämmerte: „Nicht locker lassen", er rang weiter mit dem übermächtigen Feinde.

Koch versuchte es mit den Methoden der aktiven Immunisierung. Immer neue Versuchsanordnungen wurden gewählt: keine führte zum durchschlagenden Erfolge. Und dann trat ein besonders tragisches Ereignis ein: Koch betrachtete die Bearbeitung des Tuberkuloseproblems gewissermaßen als seine ihm vom Schicksal gestellte Aufgabe, und da mußte er es erleben, daß Behring, sein früherer Schüler und Mitarbeiter, der durch seine antitoxische Diphtherietherapie mit einem Schlage Weltgeltung erlangt hatte und der in die Reihe der führenden Bakteriologen aufgerückt war, nun sein Konkurrent auf dem Gebiete des Tuberkuloseheilmittels wurde.

Behring stürzte sich mit außerordentlicher Aktivität in die neue Arbeit, entsprechend seinem Siege über die Diphtherie hoffte er zunächst auf einen Erfolg mit der antitoxischen Therapie. Er kommt aber nicht zu brauchbaren Heilseren, vermutet den Mißerfolg in der

Verwendung eines ungeeigneten Antigens, eines ungeeigneten Tuberkulosegiftes. Schließlich gewinnt er die Überzeugung, auf diesem Wege nicht zum Ziele zu gelangen. Sofort wirft er das Steuer herum und versucht die Erzielung einer Immunität zunächst bei Rindern durch Jennerisation, das heißt durch aktive Immunisierung. Ein Präparat jagt das andere, von der Bovovaccine bis zum Tulon; schließlich sind es neun verschiedene Präparate. Damit kommt BEHRING aber in das wissenschaftliche Gehege ROBERT KOCHS; es gibt höchst unerquickliche wissenschaftliche Auseinandersetzungen zwischen beiden, die dann wiederholt vor dem Patentgericht ihren Abschluß finden, und zwar jedesmal in einem für ROBERT KOCH ungünstigen Sinne.

Schließlich sehen beide ein, KOCH wie auch BEHRING, daß ihr Kampf gegen die Tuberkulose nicht zum erwarteten Erfolge führen wird. Sie wären schließlich an ihm zerbrochen. Bei BEHRING, der sensibeleren Persönlichkeit, zeigen sich bereits bedenkliche Erschöpfungserscheinungen. So geben sie beide diese Arbeit auf. BIELING und ZEISS sagen in ihrer ausgezeichneten BEHRING-Biographie darüber: „Beide haben in diesem Kampfe gegen die Seuche, in dessen Verlauf sie aus fanatischer Wahrheitsliebe und aus unbändigem Forscherdrang die wissenschaftlichen Waffen gegeneinander erhoben und streitend kreuzten, schwere und unheilbare Wunden davongetragen." BEHRING wandte sich neuen Arbeiten zu, denen wir die aktive Diphtherieschutzimpfung verdanken, KOCH ging nach Afrika zur Erforschung tropischer Krankheiten, insbesondere der Schlafkrankheit.

Im Hinblick auf die mir zugemessene Zeit muß ich darauf verzichten, auch die Tätigkeit KOCHS als Tropenarzt zu würdigen.

Was die Tbc anbetrifft, so wurden entscheidende Erfolge im Kampfe gegen sie erst später erzielt; durch CALMETTE und GUÉRIN vom Institut PASTEUR durch ihre Schutzimpfung und auf dem Gebiete der Tuberkulosetherapie durch die Entdeckung der Chemotherapeutika und der Antibiotika.

Von grundlegender Bedeutung für die Epidemiologie der Tuberkulose des Menschen ist ein Problem, das KOCH schon in seinem Vortrage in der Physiologischen Gesellschaft 1882 anschnitt, das ihn dann 1901 auf dem Medizinischen Kongreß in London eingehend beschäftigte: die Bedeutung der Rindertuberkulose für den Menschen. 1882 unterschied er noch nicht zwischen bovinen und humanen Tuberkelbakterien. Er sprach von Tuberkelbakterien schlechthin und forderte infolgedessen Maßnahmen sowohl gegen die Tuberkulose des Menschen als auch gegen die der Rinder. „Eine andere Quelle der Tuberkulose", sagte er, „bildet unzweifelhaft die Tuberkulose der Haustiere, in erster Linie die Perlsucht. Damit ist auch die Stellung gekennzeichnet, welche die Gesundheitspflege in Zukunft der Frage nach der Schädlichkeit des Fleisches und der Milch von perlsüchtigen Tieren einzunehmen hat. Die Perlsucht ist identisch mit der Tuberkulose des Menschen und also eine auf diesen übertragbare Krankheit. Sie ist daher ebenso wie andere vom Tier auf den Menschen übertragbare Infektionskrankheiten zu behandeln."

In den nachfolgenden Jahren gelang der Nachweis, daß Tuberkelbakterium nicht gleich Tuberkelbakterium ist. Zunächst wiesen RIVOLTA und MAFUCCI nach, daß Säugetier- und Geflügel-Tuberkelbakterien in ihrem biologischen Verhalten zu unterscheiden sind. Noch vor der Jahrhundertwende lehrte THEOBALD SMITH das humane vom bovinen Tuberkelbakterium zu unterscheiden, und zwar auf Grund morphologischer, kultureller, tierexperimenteller Prüfungsergebnisse. Heute sind wir in der Lage, vier Warmblüterbakterienstämme zu differenzieren: Typus humanus, bovinus, gallinaceus und seit einigen Jahren noch den Typus murinus, der in England aus Feldmäusen gezüchtet wurde. 1901 auf dem Londoner Kongreß distanzierte sich ROBERT KOCH zur großen Überraschung der Fachgenossen radikal von seiner 1882 geäußerten Auffassung über die epidemiologische Bedeutung der Rindertuberkulose für den Menschen. Die humanen und bovinen Tuberkelbakterien sind nunmehr auch nach seiner Auffassung voneinander zu unterscheiden. Hinsichtlich der epidemiologischen Bedeutung des Typus bovinus stellt er fest, „den Umfang der Infektion durch Milch, Butter und Fleisch von verdächtigen Tieren möchte ich kaum höher einschätzen als denjenigen der Vererbung, und ich halte es deswegen nicht für geboten, irgendwelche Maßnahmen dagegen zu ergreifen. Somit bleibt denn als die Hauptquelle für die Tuberkuloseinfektion nur noch das Sputum der Schwindsüchtigen."

Noch 1908 auf dem Washingtoner Tuberkulosekongreß vertrat ROBERT KOCH die Ansicht, daß der Typus bovinus für den Menschen nur gering oder gar nicht pathogen sei.

In allen Kulturländern sind seitdem umfangreiche Untersuchungen durchgeführt worden, zum Teil laufen sie noch, die mit absoluter Sicherheit ergeben haben: der Typus bovinus hat zwar für den Menschen nicht die gleichgroße Bedeutung wie der Typus humanus, aber sie darf doch auch nicht gering eingeschätzt bzw. vernachlässigt werden. Wenn nach Berechnungen von STANDFUSS jährlich in Deutschland vor dem zweiten Weltkriege etwa 1000 Menschen an Rindertuberkulose starben, und wenn nach den neuesten Feststellungen von GOERTTLER und WEBER 10% der Tuberkulosefälle beim Menschen durch den Typus bovinus hervorgerufen werden, dann sind das nicht zu überhörende Warnungsignale. Die beiden Autoren haben aus der Weltliteratur 93000 Fälle von Tuberkulose beim Menschen zusammengetragen und sie statistisch verarbeitet. Bei etwa 10% aller Tuberkuloseerkrankungen des Menschen handelt es sich um den Typus bovinus, bei extrapulmonalen Erkrankungen sogar in 21,6% der Fälle.

Unzweifelhaft: ROBERT KOCH hatte sich geirrt. Die These von der Ungefährlichkeit des Typus bovinus für den Menschen, die er in London und Washington vertreten hatte, war nicht mehr aufrecht zu erhalten. Das ist ganz gewiß kein Vorwurf gegen den großen Forscher, es ist einfach die Feststellung einer Tatsache. Die Bedeutung ROBERT KOCHS und seine wissenschaftliche Größe werden dadurch nicht geringer. Wer bescheiden in seinem engen Kreise sich bewegt, ist der Gefahr des Irrens weniger ausgesetzt als die kühnen Bahnbrecher, die Neuland erobern. Wie sagt doch GOETHE: „Wer nicht mehr irrt, der lasse sich begraben!"

So war ROBERT KOCH keineswegs nur der weltberühmte, von einem gütigen Schicksal verwöhnte Forscher, der von Erfolg zu Erfolg eilte, dem alle erdenklichen Ehren einschließlich des Nobelpreises (1905) zuteil wurden. Am 25. Juni 1904 wählte ihn unsere Akademie zu ihrem Mitgliede. Allerdings erst 5 Jahre später konnte er seine Antrittsrede halten, da er inzwischen fast ständig auf Expeditionen oder Reisen im Auslande war.

Daß ein von Arbeit so überreich erfülltes Leben zu einem vorzeitigen Verbrauch der Kräfte führte, darf nicht verwundern. Während eines Kuraufenthaltes in Baden-Baden, wo er Genesung von seiner Herzerkrankung suchte, trat am 27. Mai 1910, während er am geöffneten Fenster saß und den Blick in die wundervolle Berglandschaft genoß, der Tod an ihn heran.

ROBERT KOCH war als Wissenschaftler, darauf möchte ich noch ganz besonders hinweisen, der Repräsentant einer Richtung, die er selbst als Zweckforschung bezeichnete. In seinem Vortrage am 24. März 1882 über die Tuberkulose, den später sein Meisterschüler FRIEDRICH LOEFFLER als einen Gedenktag in der Geschichte der Menschheit bezeichnete, hat er sich zu ihr bekannt, und er ist ihr treu geblieben bis an sein Ende: „Meine Untersuchungen habe ich im Interesse der Volksgesundheitspflege unternommen, und dieser wird auch, wie ich hoffe, der größte Nutzen daraus erwachsen." Wenn das ein Forscher von seinen Werken sagen konnte, dann war es ROBERT KOCH, dieser Vollhygieniker, wie ich ihn im Gegensatz zu MAX VON PETTENKOFER, den großen Münchener Hygieniker, bezeichnen möchte. Wir wissen von den scharfen Kontroversen zwischen diesen beiden Großen. In diesem erbitterten Ringen unterlag PETTENKOFER mit seiner Bodentheorie. Auf der anderen Seite wissen wir, daß wir ihm unsere neuzeitliche Städte-Hygiene verdanken. Erfolge auf diesem Gebiete wurden aber erst dann erzielt, als durch KOCHS moderne Seuchenlehre das tragende wissenschaftliche Fundament geschaffen war. MAX VON PETTENKOFER und ROBERT KOCH sind für uns heutigen Hygieniker keine Gegensätze mehr. Ihre Lehren bilden eine Einheit, zu der die Seuchenlehre genauso gehört wie die Hygiene PETTENKOFERS.

Unser Meister ROBERT KOCH ist, das sei zum Schluß noch nachdrücklich betont, uns auch als praktischer Hygieniker Vorbild und Beispiel. Er war als Kreisphysikus durch eine strenge, aber gute Schule gegangen. Sein Mitarbeiter VON DRIGALSKI, der spätere Stadtmedizinalrat in Berlin, berichtet in seinen Erinnerungen an ROBERT KOCH ein bezeichnendes Erlebnis aus der Zeit der großen Gelsenkirchener Typhus-Trinkwasser-Epidemie um die Jahrhundertwende: Mit einer Kommission von Verwaltungsbeamten, Amtsärzten und Technikern wurde im Auftrage der Reichsregierung eine Besichtigung des Gelsenkirchener Wasserwerkes durchgeführt. Ein ganzer Tag wurde dafür aufgewandt. Ein Mitglied dieser Kommission, ein damals als sehr scharf bekannter Regierungsmedizinalrat, der Spezialist auf dem Gebiete der Wasserbegutachtung war, habe ihm am Schlusse versichert, eine solche eingehende Besichtigung unter Beachtung aller technischen Einzelheiten habe er noch nicht erlebt. Der Geheimrat KOCH sei über die Einrichtung eines Wasserwerkes unterrichtet gewesen wie ein Techniker. Über jedes Ventil und jeden Schieber in den Anlagen habe er genau Bescheid gewußt.

Ich kann nur hoffen und wünschen, daß auch in Zukunft auf unseren Universitäten unter unserem ärztlichen Nachwuchs „Vollhygieniker" im Sinne unseres großen Meisters ROBERT KOCH herangebildet werden.

Wer etwa an KOCHS Qualitäten als Allgemeinhygieniker und auch, nebenbei bemerkt, als Sozialhygieniker zweifeln sollte, der vertiefe sich in des Meisters „Gesammelte Werke", die ich hier ausgelegt habe, und die auch seine zahlreichen für Staat und Gemeinden erstatteten Gutachten enthalten.

So haben wir, ich komme damit zum Ausgangspunkt meiner Erörterungen zurück, in ROBERT KOCH mehr zu sehen als den erfolgreichen Forscher, der Seuchenerreger entdeckt und die Bekämpfung der Seuchen auf eine gesicherte Grundlage gestellt hat. ROBERT KOCH ist für uns der geniale Mensch, der Einmaliges, eine neue Wissenschaft ins Leben rief, die der Welt ein anderes Gesicht gegeben. Er hat dadurch für uns die Bedeutung eines hohen Kulturfaktors, den wir lebendig zu halten haben für uns und die, die nach uns kommen, im Sinne RICHARD WAGNERS in den Meistersingern:

„Ehrt Eure deutschen Meister,
dann bannt Ihr gute Geister."

LITERATUR

[1] Billroth: Untersuchungen über die Vegetationsformen von Coccobakteria septica. 1874.

[2] W. v. Drigalski: Männer gegen Mikroben. Verlag des Druckhauses Tempelhof. Berlin 1951.

[3] W. v. Drigalski: Im Wirkungsfelde Robert Kochs. H. Dulk, Hamburg 1948.

[4] Hallier: Parasitologische Untersuchungen. 1868.

[5] B. Heymann: Robert Koch. Akademische Verlagsges. m. b. H., Leipzig 1932.

[6] J. Kathe: Die Bedeutung der Rindertuberkulose für die Tuberkulose des Menschen (Horst Reimer: Grundlagen für die Bekämpfung der Rindertuberkulose). Deutscher Bauernverlag, Berlin 1956.

[7] R. Koch: Gesammelte Werke, unter Mitwirkung von G. Gaffky und E. Pfuhl, herausgegeben von J. Schwalbe, Leipzig 1912.

[8] H. Mochmann: Robert Koch als Landarzt und praktischer Arzt. Der Landarzt, 36. Jg., H. 1, 5 (1960).

[9] B. Möllers: Robert Koch, Persönlichkeit und Lebenswerk. Schmorl u. Seefeld Nachf., Hannover 1950.

[10] R. Müller: 80 Jahre Seuchenbakteriologie. Zbl. Bakt. I Orig. **115** (1929).

[11] v. Naegeli: Die niederen Pilze. 1877.

[12] J. Nicolle: Louis Pasteur, ein Meister der wissenschaftlichen Untersuchung. VEB Verlag Volk und Gesundheit, Berlin 1959.

[13] H. Raettig: Pleomorphismus und Monomorphismus in ihrer Bedeutung für die Medizin. Mikrobiologische ärztl. Forschung VIII. Jg., H. 8, 333—346 (1954).

[14] E. W. Schmidt: Der Neo-Pleomorphismus in der Mikrobiologie. Berichte der Deutschen Botanischen Gesellschaft Jg. 1952, **65**, ausgegeben 27. 2. 1952.

[15] H. Zeiss und R. Bieling: Emil v. Behring, Gestalt und Werk. Bruno Schulz Verlag, Berlin-Grunewald. 1941.

ANHANG

VORBEMERKUNG ZU DEN ANLAGEN

Der Vortrag wurde durch Lichtbilder und durch Ausstellungsstücke erläutert, die in einer Vitrine untergebracht waren (Abb. 2). Für ihre Überlassung und die Genehmigung zu ihrer Wiedergabe in der vorliegenden Publikation bin ich der Deutschen Akademie der Wissenschaften zu Berlin, dem ROBERT-KOCH-Institut, Berlin, und dem Institut für Mikrobiologie und Epidemiologie der Humboldt-Universität, Berlin, zu besonderem Dank verpflichtet.

ROBERT KOCHS Beziehungen zur früheren Preußischen, jetzigen Deutschen Akademie der Wissenschaften zu Berlin sind meines Wissens bisher nicht ausführlich dargestellt und medizingeschichtlich ausgewertet worden. Ich freue mich, für diesen Zweck dokumentarisches Material aus dem Archiv der Akademie beisteuern zu können. Im Anhang ist das ganze Material wiedergegeben; es gestattet einen Einblick in den Gang des Verfahrens, das mit der Mitteilung des vorsitzenden Sekretars der Physikalisch-mathematischen Klasse, WALDEYER, vom 17. Dezember 1903 einsetzt — in der nächsten Sitzung wurde über den Vorschlag MUNK, ENGELMANN, WALDEYER und HERTWIG abgestimmt, ROBERT KOCH zum ordentlichen Mitgliede der Akademie zu wählen — und das mit dem Dankschreiben ROBERT KOCHS vom 2. Juli 1904 für die ihm zuteil gewordene Ehrung schließt (Anlage 1a—h).

Man ist überrascht, daß dieser Begründer einer neuen Wissenschaft, der 1882 das *Tuberkelbakterium*, 1884 den *Choleravibrio* entdeckte, der 1905 den *Nobelpreis* erhielt, erst 1904 als ordentliches Mitglied in die Akademie der Wissenschaften aufgenommen wurde. Noch mehr muß überraschen, daß bei der Wahl am 5. Mai 1904 von 44 Mitgliedern 36 Herren weiße Kugeln abgaben, 8 dagegen schwarze. 8 Mitglieder der Akademie glaubten also, ROBERT KOCH diese Ehre vorenthalten zu sollen, auf die er schon längst Anspruch hatte, ihm, dessen Name in alle Zukunft über der deutschen Wissenschaft leuchten wird.

Um das Wirken ROBERT KOCHS in der Akademie wiederzugeben, bringe ich im Anhang seine Antrittsrede, die er erst am 1. Juli 1909 in der öffentlichen Sitzung der Akademie hielt. Er schließt sie mit der Bitte um Entschuldigung, daß er „wegen der in den letzten Jahren unternommenen wissenschaftlichen Expeditionen erst jetzt dazu gekommen sei, die übliche Antrittsrede zu halten“ (Anlage 2).

ROBERT KOCH hat in den Akademiesitzungen drei Berichte erstattet, und zwar
den ersten am 23. November 1905 über die Unterscheidung der Trypanosomenarten;
den zweiten am 3. Dezember 1908 über Entwicklungszustände der Trypanosomen;
den dritten am 7. April 1910 über die Epidemiologie der Tuberkulose.

Der erste Vortrag und ebenso der dritte sind im Wortlaut vorhanden (Sitzungsberichte der Kgl. Preuß. Akademie der Wissenschaften Berlin 1905, 1908 und Gesammelte Werke ROBERT KOCHS 1912; Anlage 3 und 5). Von dem zweiten Bericht besteht, soweit ich feststellen konnte, nur ein kurzes Referat in den Sitzungsberichten 1908 der Akademie; die Zusammenfassung wird ebenfalls wiedergegeben (Anlage 4).

Als weiteres folgt ein Vermerk aus den Akademiedokumenten über das Hinscheiden ROBERT KOCHS am 27. Mai 1910 (Anlage 6).

Der letzte Abschnitt des Anhangs bringt eine größere Anzahl von Abbildungen, die ROBERT KOCH und sein Werk betreffen. Die einzelnen Bilder wurden kurz erläutert, um dem Leser das Verständnis zu erleichtern und ihn in den Stand zu setzen, die Abbildungen in den Text des Gedenkvortrages einzuordnen.

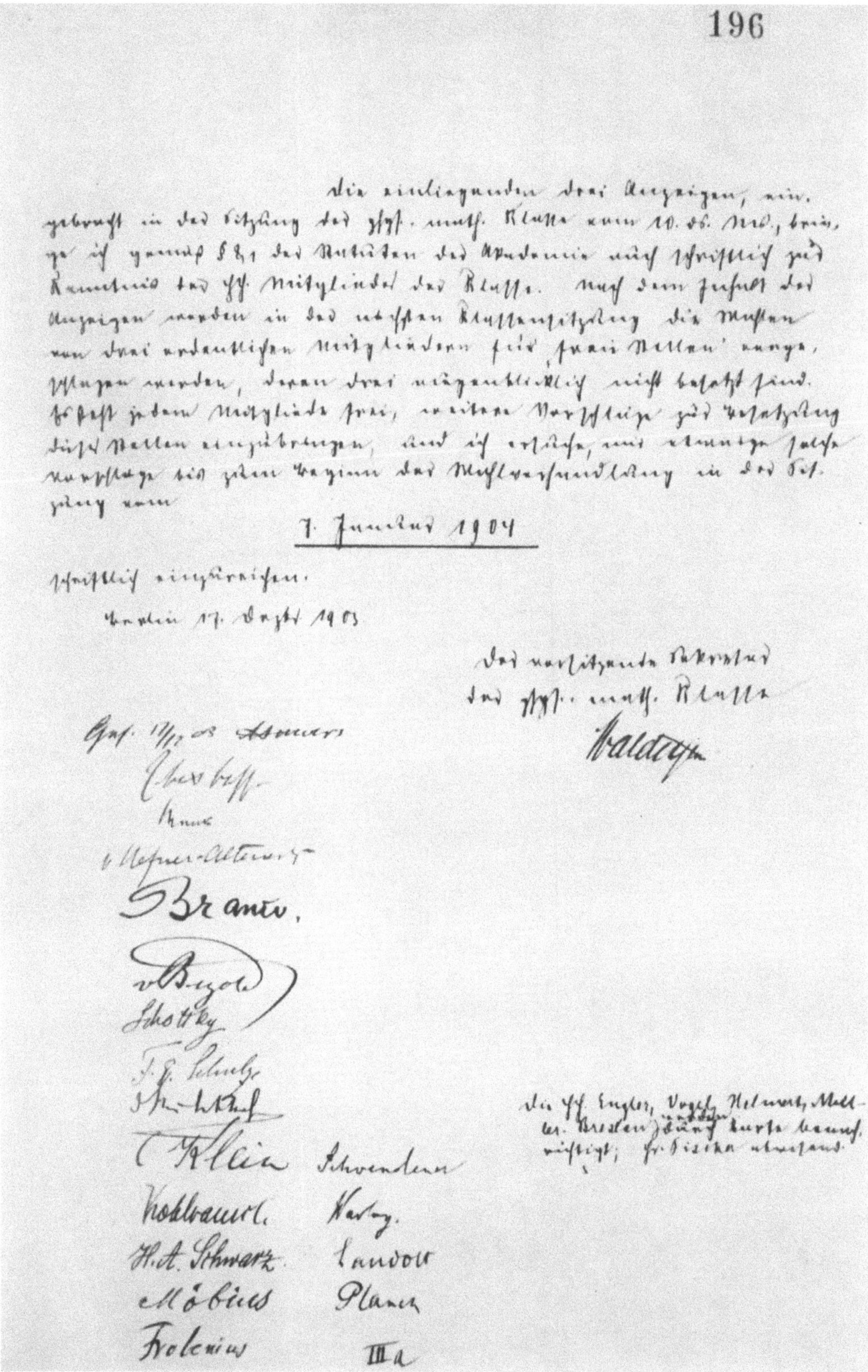
196

Die einliegenden drei Anzeigen, eingebracht in der Sitzung der phys.-math. Klasse vom 10. d. Mts., bringe ich gemäß § 5 der Statuten der Akademie auch schriftlich zur Kenntnis der HH. Mitglieder der Klasse. Nach dem Inhalt der Anzeigen werden in der nächsten Klassensitzung die Wahlen von drei ordentlichen Mitgliedern für freie Stellen vorgeschlagen werden, deren drei augenblicklich nicht besetzt sind. Es steht jedem Mitgliede frei, weitere Vorschläge zur Besetzung dieser Stellen einzubringen, und ich ersuche, mir etwaige solche Vorschläge bis zum Beginn der Wahlverhandlung in der Sitzung vom

7. Januar 1904

schriftlich einzureichen.

Berlin 17. Dezbr 1903

Der vorsitzende Sekretar der phys.-math. Klasse
Waldeyer

Ges. 17/12 03 Auwers
[illegible]
[illegible]
v Hefner-Alteneck
Branco.
v Bezold
Schottky
F. E. Schulze
[illegible]
Klein
Kohlrausch
H. A. Schwarz
Möbius
Frobenius
Schwendener
[illegible]
Landolt
Planck
IIIa

Die HH. Engler, Vogel, Helmert, Müller-Breslau [illegible]; Fischer abwesend.

Aus dem Archiv der DAdW zu Berlin, Signatur: II: IIIa Bd. 16

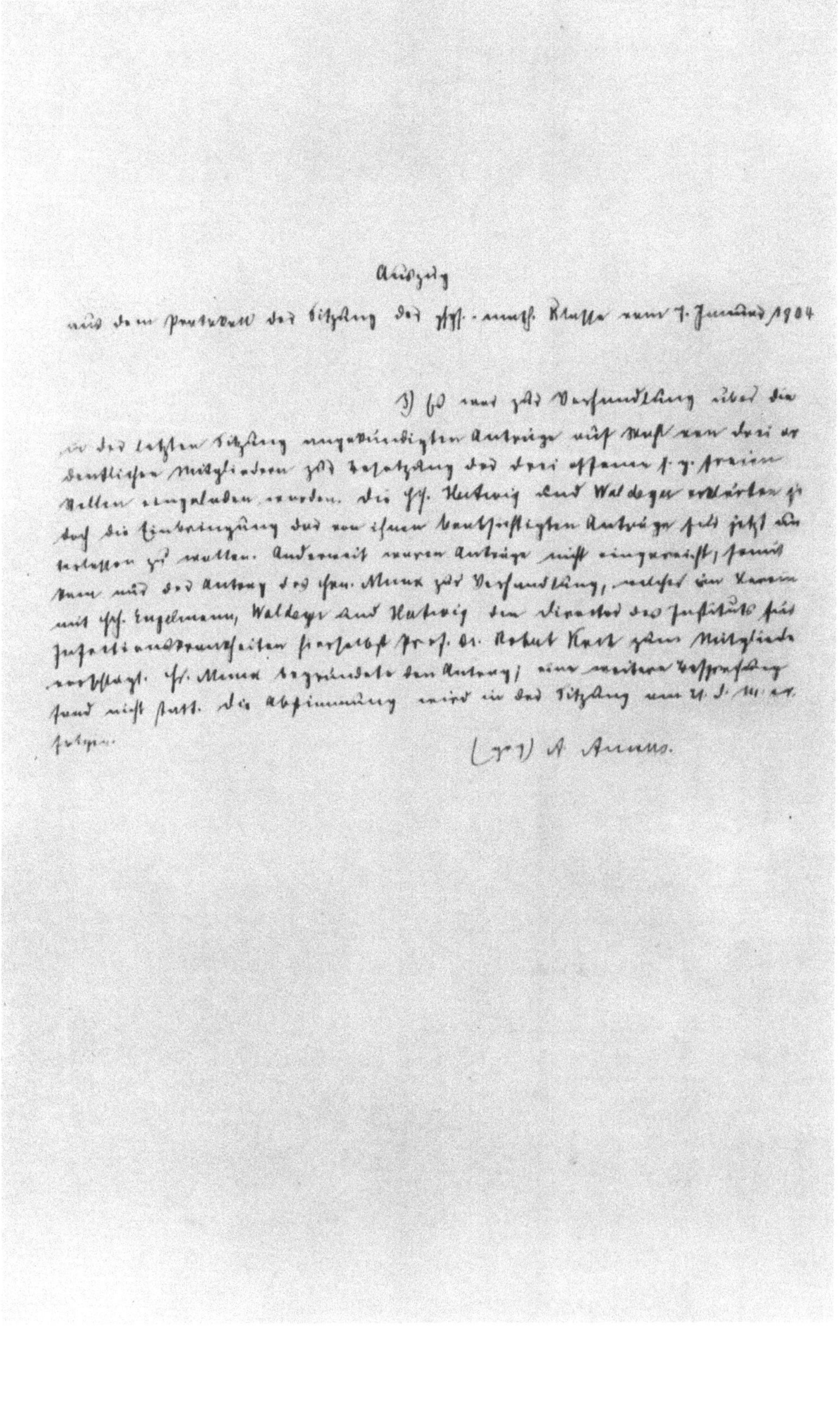

Auszug

aus dem Protokoll der Sitzung der phys.-math. Klasse vom 7. Januar 1904

Es ist nun zur Verhandlung über die in der letzten Sitzung angekündigten Anträge auf Wahl von drei ordentlichen Mitgliedern zur Besetzung der drei offenen s. g. freien Stellen eingeladen worden. Die HH. Hertwig und Waldeyer erklärten sich, die Einbringung der von ihnen beabsichtigten Anträge für jetzt unterlassen zu wollen. Anderweit waren Anträge nicht eingereicht; somit kam nur der Antrag des Hrn. Munk zur Verhandlung, welcher im Verein mit HH. Engelmann, Waldeyer und Hertwig den Director des Instituts für Infectionskrankheiten hierselbst Prof. Dr. Robert Koch zum Mitgliede vorschlägt. Hr. Munk begründete den Antrag; eine weitere Besprechung fand nicht statt. Die Abstimmung wird in der Sitzung vom 21. d. M. erfolgen.

(gez.) A. Auwers.

200

Laudatio

Robert Koch, der jüngst am 11. Dezember sein 60. Lebensjahr vollendet hat, gehört zu den scharfsinnigsten u. erfolgreichsten Forschern der Neuzeit in den biologischen Wissenschaften.

Der alte Glaube an ein Contagium vivum bei den Infectionskrankheiten war neu belebt worden, als Pasteur in den 60er Jahren des vorigen Jahrhunderts Mikroorganismen als die Erreger von Gährungs- u. Fäulnissvorgängen nachgewiesen hatte; u. den Glauben verstärkte der große Erfolg, den Lister mit der antiseptischen Wundbehandlung durch Anwendung der die Mikroorganismen tötenden Karbolsäure erzielte. Von Davaine waren dann auch schon 1863 die farblosen Stäbchen im Blute der an Milzbrand verendeten Thiere als die Krankheitsursache angesprochen worden, u. Davaine u. Pasteur hatten durch die Einführung solchen Blutes in den Körper von gesunden Thieren den Milzbrand bei diesen hervorzurufen vermocht. Beim Rückfallfieber hatte Obermeier 1873 die Anwesenheit einer Spirille im Blute des Kranken in regelmäßiger Beziehung zum Fieberanfall festgestellt. Klebs, v. Recklinghausen, Billroth u. A. m. hatten bei Wundkrankheiten, Pyämie, Diphtherie Mikroorganismen aufgefunden u. in ursächliche Beziehung zu den Krankheiten zu setzen gesucht. Aber immer noch gebrach es an der Sicherheit, daß wirklich die Mikroorganismen es waren, was die Krankheiten veranlaßte, an dem Nachweise, daß ein spezifischer Mikroorganismus eine spezifische Krankheit verursache, u. an der Erkenntniß, auf welche Weise es zu der Erkrankung durch den Mikroorganismus kam. Da setzte Koch in der Mitte der 70er Jahre entscheidend mit seinen Untersuchungen ein.

Koch klärte das Wachsthum u. die Sporulation der Milzbrandbacillen auf; er zeigte, wie aus den Sporen wieder, sei es in Nährflüssigkeit oder in das Thier gebracht, wieder Milzbrandbacillen erwachsen; u. er wies nach, wie die natürliche Infection der Thiere durch die mit dem Futter eingebrachten Sporen im Darmkanal zu Stande kommt. Er führte ferner fauliges Blut, das vielerlei Mikroorganismen durcheinander enthielt, in Thiere verschiedener Species ein u. erzielte, indem die verschiedenen Thierarten sich für dieselben Bakterien verschieden empfänglich erwiesen, nicht nur die Isolirung der verschiedenartigen Mikroorganismen, sondern zugleich damit auch verschiedene scharf charakterisirte Krankheitsarten, so daß er mittels fortgesetzter Weiterimpfung immer von neuem durch dieselben Bakterien dieselbe Krankheit hervorzurufen vermochte. Es gelang ihm weiter, aus einem Gemisch verschiedenartiger Mikroorganismen durch die Anwendung gelatinisirter Nährflüssigkeiten statt der bis dahin benutzten Nährflüssigkeiten die Mikroorganismen zu isoliren u. isolirt zu kultiviren, so daß durch vielfältige Übertragungen u. Abimpfungen auf neue Nährböden Reinkulturen der Mikroorganismen erhalten wurden u. mit ihnen die sichere ätiologische Beziehung der Mikroorganismen zu den Krankheiten festgestellt werden konnte. Indem er daneben noch die Bakterien durch ihre deutliche Färbung, durch die Benutzung der Abbe'schen Beleuchtung u. durch die Mikrophotographie besser u. sicherer erkennen u. unterscheiden lehrte, war in wenigen Jahren alles erreicht, was zum Beweise, daß ein bestimmter Mikroorganismus eine bestimmte Krankheit mache, erforderlich war, daß nämlich 1) der Mikroorganismus in allen Fällen der Krankheit sich nachweisen ließ, 2) der Mikroorganismus ganz frei von Bestandtheilen des erkrankten Thieres sich gewinnen u. kultiviren ließ, 3) die Krankheit durch den Mikroorganismus aus der Reinkultur sich wieder erzeugen ließ. Der feste Grund war damit gelegt zu dem großen, in zwei Jahrzehnten fast unabsehbar ausgebauten Gebiete der Bakteriologie, dessen Vater Koch mit Recht von den Jüngern genannt wird.

Koch's nächster Schritt war, daß er 1881 die Tuberculose, von der das jahrzehntelange Mühen der tüchtigsten Forscher oft mehr als die Vorbereitungsarbeit hatte leisten können, in einer nach allen Richtungen mustergültigen Untersuchung mit Einem Schlage vollständig aufklärte. Mittels eines combinirten Färbungsverfahrens entdeckte er die Tuberkelbacillen und wies sie constant bei allen tuberculös veränderten Geweben auf; er züchtete sie von allen Gewebstheilen und stellte Reinculturen von ihnen her, die er lange Zeit fortzüchtete; er zeigte, daß die mit den isolirten Bacillen in der verschiedensten Weise inficirten Thiere tuberculös wurden; er legte mittels der Biologie der Bacillen dar, wie die natürliche Infection zustandekommt. Schon im folgenden Jahre suchte er selbst in Aegypten und Indien für die Cholera dasselbe, deren Erreger er in den sogenannten Kommabacillen auffand. Und als nun unter der Schaar seiner unmittelbaren und mittelbaren Schüler nach seinem Vorbilde eine große Reihe anderer Infectionskrankheiten in Angriff nahm, betheiligte er sich mithelfend bei den Arbeiten und kam zu wertvollsten Ergebnissen; besonders begriff er die Biologie der Parasiten, bei der Pest, der Lepra, der [illegible], der Malaria, der ägyptischen Augenkrankheit, der Dysenterie, dem Abdominaltyphus u. a. m.

Hand in Hand mit den stetigen Fortschritten gingen Koch's Bestrebungen, die Infectionskrankheiten zu bekämpfen. Das Erste war, daß er für die Desinfection die gründliche Umgestaltung, die nach den neu gewonnenen Gesichtspunkten als erforderlich war, experimentell durchführte. Aus gerade der Aetiologie der einzelnen Krankheiten entwickelte er alsdann die Maßnahmen, mit denen der Verbreitung der Tuberculose, der Cholera, der Lepra, der Menschenpest, der Malaria zu begegnen ist. Und endlich suchte er einerseits die Krankheitserreger im Körper des inficirten Thierkörpers zu tödten oder in ihrer Entwicklung zu hemmen, andererseits den Menschen und Thieren einen wirksamen Schutz gegen die Invasion der Krankheitserreger zu verschaffen. Gegen die Rinderpest hat er auch durch die Einspritzung von Galle aus der Gallenblase an der Seuche zugrundegegangener Thiere die Rinder zu immunisiren vermocht. Aber dort, wo er gerade vornehmlich den Erfolg erstrebte, bei der Tuberculose, ist er ihm noch nicht voll geworden. Das Tuberculin, das er zuerst als Extract der Culturen von Tuberkelbacillen aus Glycerinbouillon, später durch Zerreiben der getrockneten Tuberkelbacillen und Lösen in [illegible] Kochsalzlösung gewann, setzt zwar bei Tuberculösen eine starke allgemeine Reaction wie auffällige Veränderungen an den tuberculös erkrankten Geweben hervor, hat aber bisher nur als ausgezeichnetes diagnostisches Mittel sich bewährt, während seine heilende und immunisirende Kraft noch in Frage steht. Jedenfalls hat Koch hier mit der Herstellung wirksamer Stoffe aus den Krankheitserregern einen Weg gewiesen, auf dem auch Immunisirungserfolge sich ergeben haben.

Seine ersten Untersuchungen führte Koch als Kreisphysikus in Wollstein aus. 1880 wurde er als ord. Mitglied in das Kaiserl. Gesundheitsamt berufen. Von 1885 bis 1891 war er ord. Professor der Hygiene an der Universität hier. Seit 1891 ist er Director des Instituts für Infectionskrankheiten. Äußere und wissenschaftliche Ehren sind ihm in allen Ländern geworden. Die Académie des sciences [illegible] ihn an Virchow's Stelle zum auswärtigen Mitgliede gewählt. Auch den meisten namhaften Akademien ~~[illegible]~~ gehört er längst als Mitglied an, die Akademie hat ihn [illegible] aufgenommen. Wir beehren uns, seine Wahl zum ordentlichen Mitgliede für eine freie Stelle in der physikalisch-mathematischen Classe vorzuschlagen.

Berlin, den 7. Januar 1904.

Hermann Munk.
Waldeyer.
Engelmann
Hertwig

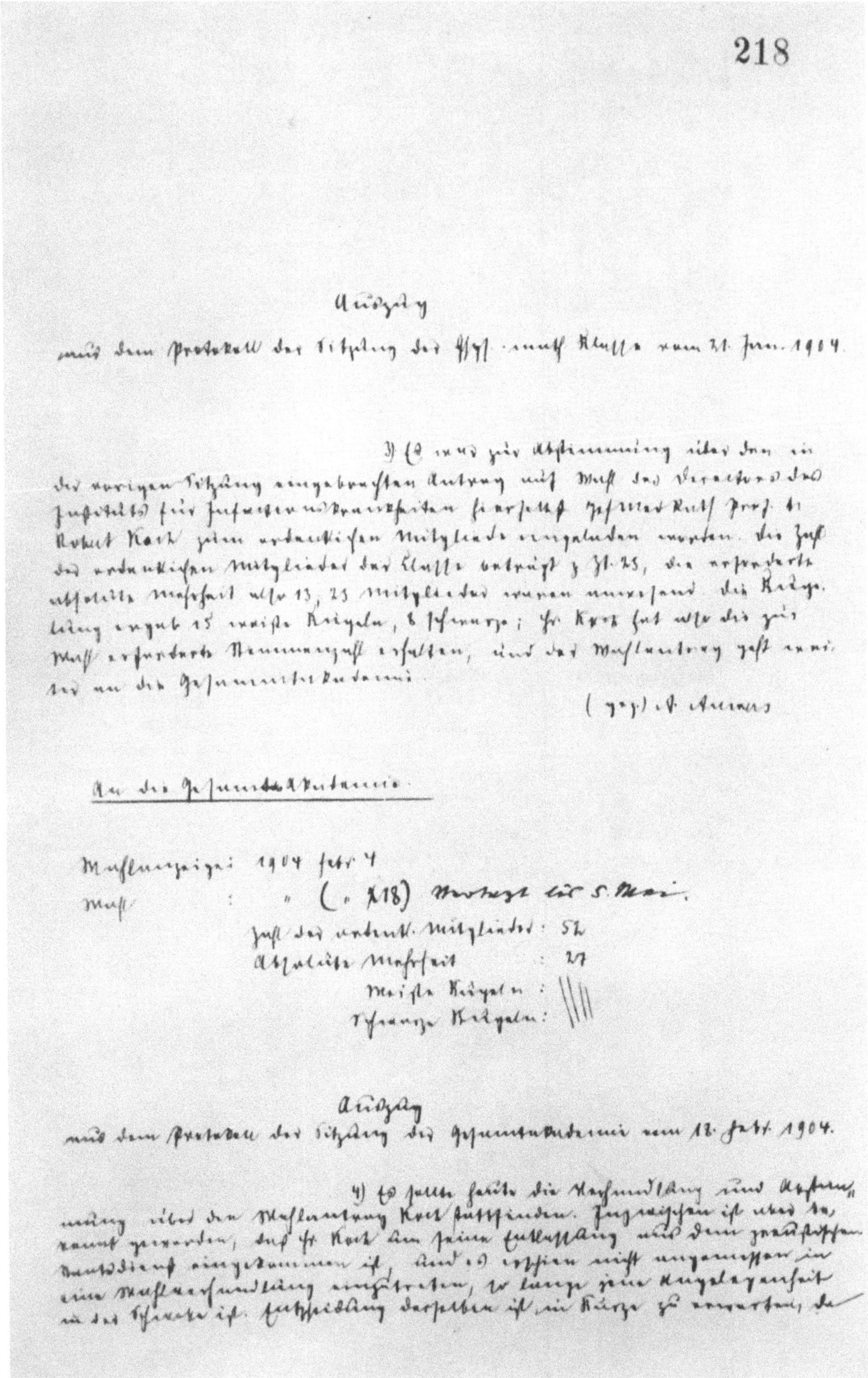

218

Auszug

aus dem Protokoll der Sitzung der phys.-math. Klasse vom 21. Jan. 1904.

3) Es wird zur Abstimmung über den in der vorigen Sitzung eingebrachten Antrag auf Wahl des Directors des Instituts für Infectionskrankheiten hierselbst Geh. Med.-Rath Prof. Dr. Robert Koch zum ordentlichen Mitgliede eingeladen worden. Die Zahl der ordentlichen Mitglieder der Klasse beträgt z. Zt. 25, die erforderte absolute Mehrheit also 13; 23 Mitglieder waren anwesend. Die Kugelung ergab 15 weiße Kugeln, 8 schwarze; Hr. Koch hat also die zur Wahl erforderte Stimmenzahl erhalten, und der Wahlantrag geht nunmehr an die Gesammtakademie.

(gez.) A. Auwers

An die Gesammtakademie.

Wahlanzeige: 1904 Febr. 4
Wahl: " (" 18) Vertagt bis 5. Mai.
Zahl der ordentl. Mitglieder: 52
Absolute Mehrheit: 27
Weiße Kugeln:
Schwarze Kugeln: ||||

Auszug
aus dem Protokoll der Sitzung der Gesammtakademie vom 18. Febr. 1904.

4) Es sollte heute die Verhandlung und Abstimmung über den Wahlantrag Koch stattfinden. Inzwischen ist aber bekannt geworden, daß Hr. Koch um seine Entlassung aus dem preußischen Staatsdienst eingekommen ist, und es erschien nicht angemessen in eine Wahlverhandlung einzutreten, so lange seine Angelegenheit in der Schwebe ist. Entscheidung derselben ist in Kürze zu erwarten, da

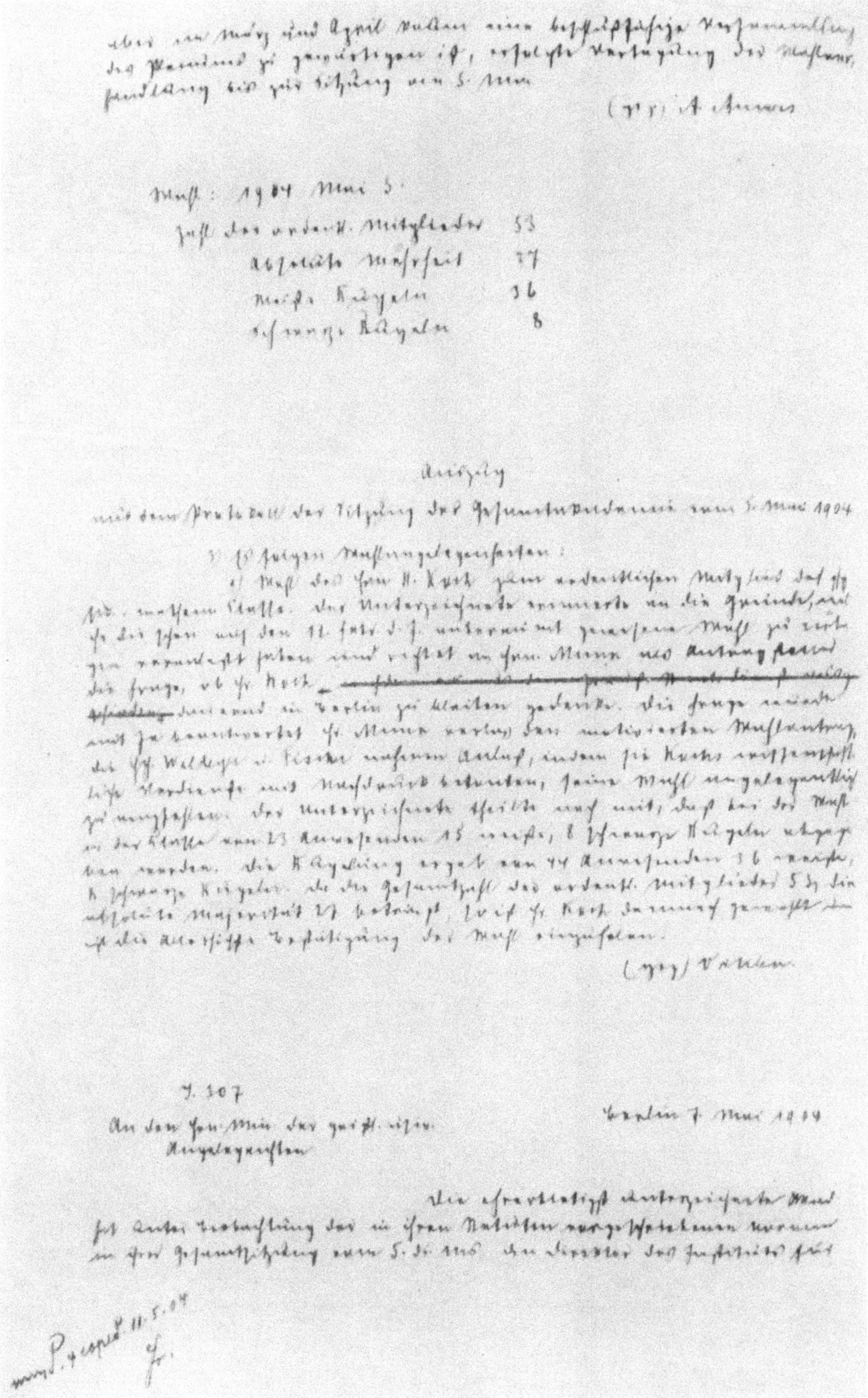
[illegible] (gez.) A. Auwers

Wahl: 1904 Mai 5.

Zahl der ordentl. Mitglieder 53
absolute Mehrheit 27
weiße Kugeln 36
schwarze Kugeln 8

Auszug

aus dem Protokoll der Sitzung der Gesamtakademie vom 5. Mai 1904

[illegible]

(gez.) Vahlen

J. 307

An den Herrn Min. der geistl. usw. Angelegenheiten

Berlin 7. Mai 1904

[illegible]

219

Infektionskrankheiten und ordentlichen Honorar-Prof. an der Königl. Friedrich Wilhelms-Universität hierselbst Geh. Med.Rat Dr. Robert Koch zum ordentlichen Mitglied der phys.-math. Klasse gewählt. An Ew. Exc. richtet sie hiernach das gehorsamste Gesuch, diese von ihr vollzogene Wahl zur Kenntnis Sr. Maj. des Kaisers u. Königs zu bringen und die Allerhöchste Bestätigung derselben hochgeneigtest zu erwirken.

K. Ak. d. W.

[illegible signatures]

255

Der Minister der geistlichen, Unterrichts- und Medizinal-Angelegenheiten.

Berlin W. 64, den 25. Juni 1904

J. 307

U I K. Nr. 27492. M.

Auf den Bericht vom 7. Mai d. Js. – J. 307.

Seine Majestät der Kaiser und König haben durch Allerhöchsten Erlaß vom 1. Juni d. J. die Wahl des Direktors des Instituts für Infektionskrankheiten und ordentlichen Honorar-Professors an der Friedrich Wilhelms-Universität hierselbst, Geheimen Medizinalrats Dr. Robert Koch zum ordentlichen Mitgliede der physikalisch-mathematischen Klasse der Akademie der Wissenschaften zu bestätigen geruht.

In Vertretung

Althoff

J. 299
An Herrn Geh. Med. R. Prof. Dr. Robert Koch Hochwohlgeb. hier

den 4. Juli 1904.

Hochgeehrter Herr,
im Auftrage der K. Ak. d. W. beehre ich mich Ihnen anzuzeigen, daß dieselbe Sie zum ordentlichen Mitglied ihrer

An die Königliche Akademie der Wissenschaften hier.

mund. d. exped. 1.7.04

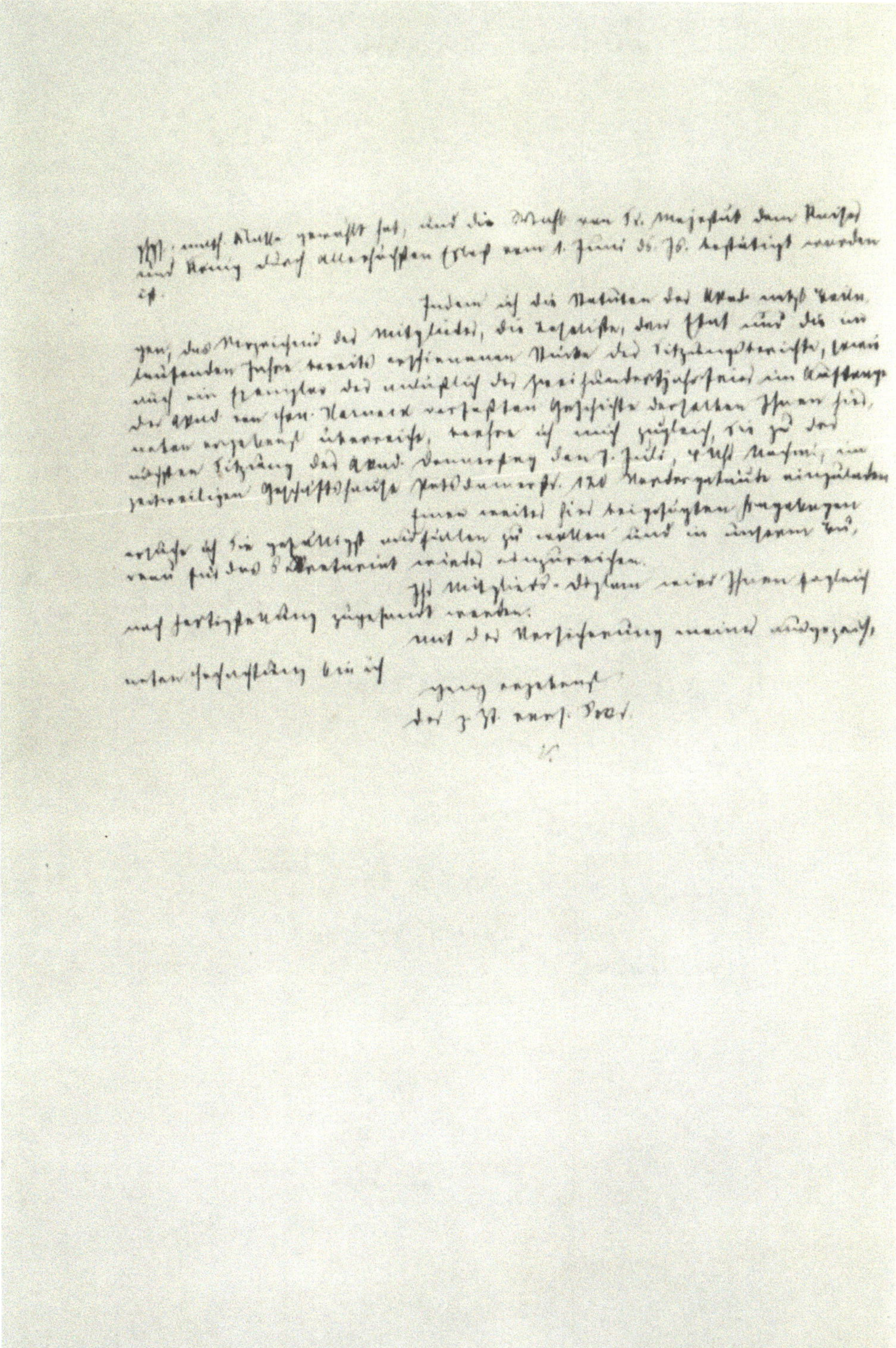

phys.-math. Klasse gewählt hat, und die Wahl von Sr. Majestät dem Kaiser und König durch Allerhöchsten Erlass vom 1. Juni ds. Js. bestätigt worden ist.

Indem ich die Statuten der Akad. nebst Beilagen, das Verzeichnis der Mitglieder, die Adressliste, den Etat und die im laufenden Jahre bereits erschienenen Stücke der Sitzungsberichte, sowie auch ein Exemplar der anlässlich der Zweihundertjahrfeier im Auftrage der Akad. von Hrn. Harnack verfassten Geschichte derselben Ihnen hierneben ergebenst überreiche, beehre ich mich zugleich, Sie zu der nächsten Sitzung der Akad. Donnerstag den 2. Juli, 4 Uhr Nachm., im zeitweiligen Geschäftshause Potsdamerstr. 120 Vordergebäude einzuladen.

Ferner werden Sie die beigefügten Fragebogen ersuche ich Sie gefälligst ausfüllen zu wollen und in unserem Bureau für das Sekretariat wieder abzugeben.

Ihr Mitglieds-Diplom wird Ihnen sogleich nach Fertigstellung zugesandt werden.

Mit der Versicherung meiner ausgezeichneten Hochachtung bin ich

ganz ergebenst

der z. Zt. vors. Sekr.

W.

256

Prof. Robert Koch
Geh. Medicinalrat

Berlin W. 15, den 4. Juli 1904
Kurfürstendamm 25

J. 399

Hochgeehrter Herr Geheimrath!

Für die Mittheilung, daß die Königliche Akademie der Wissenschaften mich zum ordentlichen Mitglied ihrer physikalisch-mathematischen Klasse gewählt hat, beehre ich mich Ihnen meinen ergebensten Dank auszusprechen.

Diese Nachricht hat mich recht erfreut und ich fühle mich der Königlichen Akademie für die Auszeichnung, welche sie mir durch diese Er-

III a

nennung hat zu Theil werden lassen, zu tiefstem
Dank verpflichtet.

Zu meinem Bedauern bin ich durch Dienstreise
verhindert schon der nächsten Sitzung der Akademie
beizuwohnen, werde aber nicht verfehlen, mich
nach meiner Rückkehr ~~mich~~ zu den späteren Sitzun-
gen einzufinden.

Mit größter Hochachtung
ergebenst
R. Koch.

257

Vor- und **Zuname** (von den Vornamen nur den Rufnamen)	Robert Koch.
Tag, Jahr und **Ort** der **Geburt**	11t December 1843 Clausthal
Gegenwärtige Stellung	Director des Instituts für Infections- Krankheiten
Titel für **Adresse**, und genaue **Wohnungsbezeichnung**	Geh. Rath Koch Berlin W. Kurfürstendamm 25.

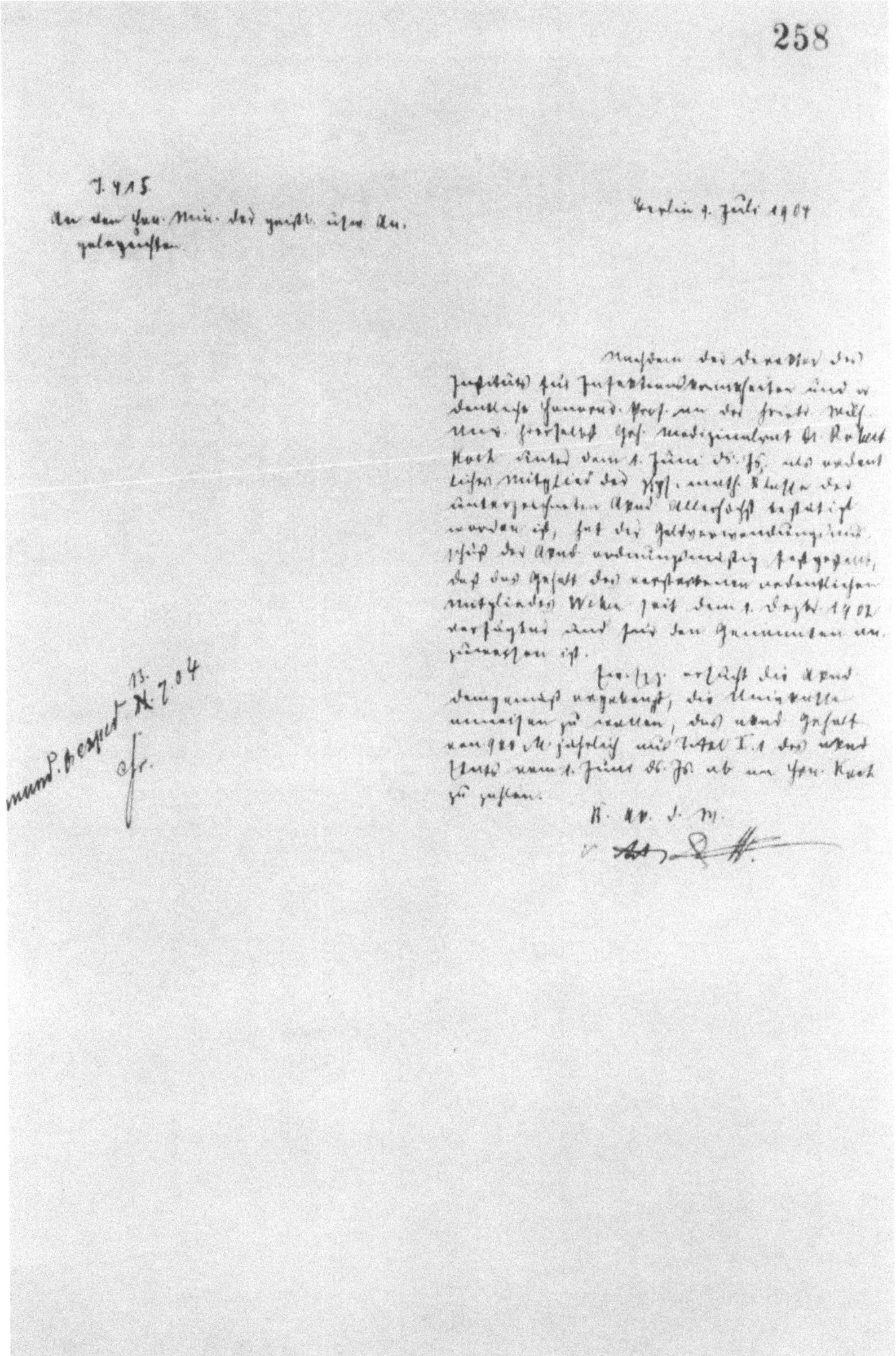

258

J. 415.

An den Herrn Min. der geistl. usw. Angelegenheiten

Berlin 9. Juli 1904

Nachdem der Direktor des Instituts für Infektionskrankheiten und ordentliche Honorar-Prof. an der Friedr. Wilh. Univ. Geheimer Ober-Medizinalrat Dr. Robert Koch unter dem 1. Juni d. Js. als ordentliches Mitglied der phys.-math. Klasse der unterzeichneten Akad. Allerhöchst bestätigt worden ist, hat die Gesamtversammlung der Akad. ordnungsmäßig festgesetzt, daß das Gehalt des verstorbenen ordentlichen Mitgliedes Weber seit dem 1. Sept. 1902 verfügbar und für den Genannten anzuweisen ist.

Ew. Exz. ersucht die Akad. demgemäß ergebenst, die Universitätskasse anweisen zu wollen, das akad. Gehalt von 900 M. jährlich aus Titel I.1 des akad. Etats vom 1. Juni d. Js. ab an Herrn Koch zu zahlen.

K. Pr. A. d. W.

v. [illegible]

mund. expedirt 13. VII. 04

Gr.

259

Der Minister
der geistlichen, Unterrichts- und Medizinal-
Angelegenheiten.

Berlin W. 64. den 29. Juli 1904.

U I K. Nr. 28236 M.

J. 415.

Nachdem der Direktor des Jnstituts für Jnfektionskrankheiten und ordentliche Honorar-Professor an der hiesigen Friedrich Wilhelms-Universität, Geheimer Medizinalrat Dr. Robert K o c h unter dem 1. Juni d. Js. als ordentliches Mitglied der Physikalisch-mathematischen Klasse der Königlichen Akademie der Wissenschaften hierselbst Allerhöchst bestätigt worden ist, weise ich die Königliche Universitätskasse auf Antrag der Akademie an, dem Genannten vom 1. Juni d. Js. ab das akademische Gehalt von jährlich

900 M. "
"

buchstäblich: Neunhundert Mark in vierteljährlichen Teilbeträgen im voraus zu zahlen und die gezahlten Beträge in der Rechnung der Akademie der Wissenschaften für das Etatsjahr 1904 ff. unter Titel I 1 in Ausgabe nachzuweisen.

Unterschrift.

An die Königliche Universitätskasse hier C. 2. Platz am Opernhause.

Abschrift auf den Antrag vom 9. Juli d. Js. - J.415- zur weiteren Veranlassung.

Jn Vertretung.

[illegible]

An
die Königliche Akademie
der Wissenschaften

h i e r .

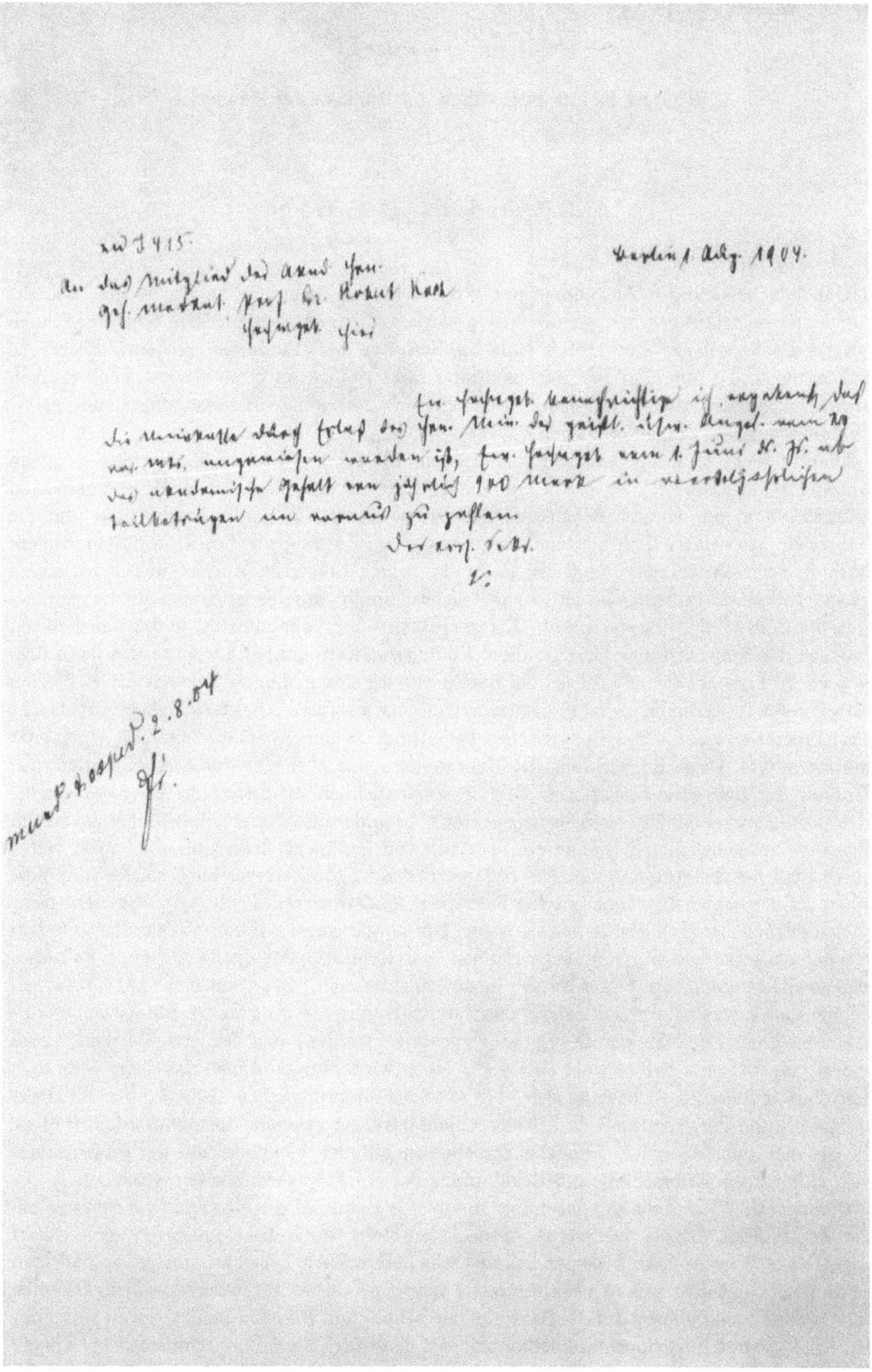

zu J 415.

Berlin, 1. Aug. 1904.

An das Mitglied der Akad. Herrn
Geh. Medizinalrat Prof. Dr. Robert Koch
Hochwohlgeb. hier

Ew. Hochwohlgeb. benachrichtige ich ergebenst, daß die Universitätskasse durch Erlaß des Herrn Min. der geistl. usw. Angel. vom 29. v. Mts. angewiesen worden ist, Ew. Hochwohlgeb. vom 1. Juni d. Js. ab das akademische Gehalt von jährlich 900 Mark in vierteljährlichen Teilbeträgen im voraus zu zahlen.

Der vors. Sekr.
V.

mund. u. expedirt. 2.8.04
[illegible]

ROBERT KOCHS Bestätigung im Rahmen der Akademie

Antrittsrede des Hrn. KOCH.

Um dem beständigen Anwachsen der Wissenschaften Rechnung zu tragen, hat sich die Akademie veranlaßt gesehen, sich immer neue Wissenszweige anzugliedern. So vertrete auch ich ein Fach, welches zum ersten Male im Bestande der Akademie erscheint. Es ist die Bakteriologie. Da nun über das, was man unter Bakteriologie zu verstehen hat, noch vielfach unrichtige Vorstellungen bestehen, so möchte ich mir zunächst erlauben, Ihnen meine Stellung zu dieser Frage darzulegen.

Ursprünglich, d. h. vor etwa dreißig Jahren, bildete die Bakteriologie einen winzigen Abschnitt der Botanik, der kaum ein Dutzend Arten von pflanzlichen Mikroorganismen umfaßte. Fast der einzige Botaniker, welcher sich ernstlich damit beschäftigte und die Bakterien systematisch zu ordnen versuchte, war FERDINAND COHN, während andere Botaniker von einer Trennung der Bakterien in wohlcharakterisierte Arten überhaupt nichts wissen wollten. Dann kam aber ein fast plötzlicher Umschwung. Es hatte sich nämlich herausgestellt, daß zu den Bakterien die Erreger einiger der bekanntesten und gefährlichsten Seuchen der Menschen und Tiere gehören. Von diesem Zeitpunkte ab wandte sich das Interesse vieler Forscher den Bakterien zu, und es häufte sich in kurzer Zeit ein die Bakterien betreffendes Tatsachenmaterial von solchem Umfange an, daß die Bakteriologie in Anbetracht ihrer theoretischen sowohl als praktischen Bedeutung als eine besondere Disziplin abgegrenzt werden mußte. Diese Entwicklung der Bakteriologie war aber eine durchaus einseitige; das Studium der Bakterien beschränkte sich fast ausschließlich auf diejenigen Arten, welche als Krankheitserreger ein Interesse beanspruchten. Um andere Bakterien, obwohl ihre Artenzahl eine sehr beträchtliche ist, kümmerte man sich fast gar nicht. Nun kam aber noch weiter hinzu, daß bei der fortgesetzten Erforschung der Krankheitserreger auch solche zum Vorschein kamen, welche gar nicht zu den Bakterien, sondern zu den Protozoen, also nicht mehr zu den pflanzlichen, sondern zu den tierischen Mikroorganismen gehören. Sie wurden trotzdem von der Bakteriologie in Anspruch genommen. Man sieht also, daß die Bezeichnung Bakteriologie, welche anfangs zwar dem Namen inhaltlich entsprach, jetzt nicht mehr paßt, teils weil sie nicht alles, was zu den Bakterien gehört, umfaßt, teils weil sie ganz fremde Elemente aufgenommen hat. Der Name müßte eigentlich geändert werden; aber der jetzt übliche hat sich so fest eingebürgert, daß er wohl bestehen bleiben wird. Nur muß man sich beim Gebrauch desselben immer dessen bewußt sein, daß er seiner ursprünglichen Bedeutung nicht mehr entspricht und daß verschiedene Wissensgebiete darunter zusammengefaßt werden, weil sie die gleichen oder doch sehr ähnliche Forschungsmethoden benutzen und ein gemeinsames Ziel, nämlich die Erforschung und Bekämpfung der Infektionskrankheiten, verfolgen.

Den andern Wissenschaften gegenüber nimmt die Bakteriologie eine ähnliche Stellung ein wie die Hygiene, der sie auch sonst am nächsten steht. Auch die Hygiene ist keine scharf abgegrenzte Wissenschaft; sie setzt sich aus sehr heterogenen Teilen zusammen, so daß man sie deswegen gar nicht einmal als selbständige Wissenschaft hat gelten lassen wollen. Dasselbe könnte man auch in bezug auf die Bakteriologie behaupten. Dieselbe gehört, soweit sie es mit der Ätiologie der Infektionskrankheiten und mit den durch die Mikroorganismen im Körper gesetzten Veränderungen zu tun hat, der Pathologie und pathologischen Anatomie an. Die spezifische Diagnose und Prophylaxe der Infektionskrankheiten sowie das Gebiet der Desinfektion bearbeitet sie gemeinsam mit der Hygiene. Durch die Beschäftigung mit den pflanzlichen und tierischen Mikroorganismen ist sie mit Botanik und Zoologie in Verbindung getreten. Zur Chemie haben sich mehrfach Beziehungen ergeben, z. B. durch die Erforschung der Immunitätsvorgänge, welche sich mehr und mehr als chemische Prozesse oder doch mit solchen in unmittelbarer Verbindung stehend herausstellen. Hierzu möchte ich nur noch bemerken, daß die Immunitätsforschung jetzt schon einen gewaltigen Umfang angenommen hat und fast zu einer eigenen Spezialität geworden ist. Auch für die Biologie bietet die Bakteriologie manche interessante Probleme, von denen ich nur diese erwähnen will. Die uns bekannten Lebewesen gehen bei einer Temperatur von 50° in verhältnismäßig kurzer Zeit zugrunde. Unter den Bakterien gibt es aber einige Arten, welche nicht unter 50° gedeihen; sie brauchen zum Wachstum und zur Vermehrung andauernd eine Temperatur von 50° bis 60° und darüber. Woher stammen diese Mikroorganismen? Da auf der Erde unter natürlichen Verhältnissen die Bedingungen, unter welchen diese Bakterien leben, nur künstlich geschafft werden können, so hat man schon allen Ernstes daran gedacht, daß sie überhaupt nicht einen terrestrischen Ursprung haben, sondern mit dem Meteorstaub auf die Erde gelangen. Eine andere Gruppe von Bakterien hat die seltsame Eigenschaft, daß sie nur bei Abschluß von Sauerstoff zu wachsen vermögen; wieder andere produzieren Dauerformen von ganz außerordentlicher Widerstandsfähigkeit gegen Chemikalien und gegen hohe und niedrige Temperaturen. Sehr merkwürdig ist auch das Vorkommen von ganz außerordentlich kleinen pathogenen Mikroorganismen. Bekanntlich gehen die tierischen und pflanzlichen Zellen nicht unter eine bestimmte Größe, welche etwa derjenigen eines Lymphozyten entspricht. Nur die Bakterien sind durchweg kleiner; aber auch die kleinsten, z. B. die Influenzabakterien, haben noch einen Durchmesser von einem fünftel Mikromillimeter, so daß sie mit den stärksten Vergrößerungen unserer Mikroskope noch recht deutlich zu erkennen sind. Nun gibt es aber noch Mikroorganismen, welche ganz bedeutend kleiner sind als diese kleinsten Bakterien. Sie gehen durch engporige Tonfilter, welche alle Bakterien zurückhalten, leicht hindurch, und man hat sie mit den besten Mikroskopen, auch mit dem Ultramikroskop, noch nicht sichtbar machen können. Wir müssen auf ihre Existenz schließen, weil sie verschiedene menschliche, tierische und auch pflanzliche Krankheiten verursachen. Es ist eine ganz eigentümliche Tatsache, daß wir mit diesen für uns gänzlich unsichtbaren Mikroorganismen genau ebenso operieren können wie mit Reinkulturen von Bakterien. Sie lassen sich z. B. bei der Rinderpest durch Verimpfung von kleinsten Mengen des Blutes in beliebig vielen Generationen von einem Tier auf das andere übertragen. Es findet also eine ungeheure Vermehrung statt, und es muß sich zweifellos dabei um selbständige Organismen handeln. Aber welcher Art dieselben sein mögen, darüber fehlt noch jeder Anhalt. Sind es tierische oder pflanzliche Organismen? Wie ist ihr Bau? Wie findet ihre Vermehrung statt? Wie verhält sich ihr Stoffwechsel? Vorläufig können wir uns keine rechte Vorstellung davon machen, ob diese Organismen sich analog den uns bekannten Zellen verhalten, oder ob bei ihnen ganz andere Verhältnisse obwalten.

Wir sehen also, daß die Bakteriologie sich in der Tat gegen die erwähnten Wissenschaften, mit denen sie in engen Beziehungen steht, nicht immer scharf abgrenzen läßt, und die einzelnen Teile der Bakteriologie würden wohl bei den betreffenden Wissenschaften geblieben sein, wenn nicht von vornherein die Bakteriologie auf ganz bestimmte spezifische Forschungsmethoden angewiesen gewesen wäre, die sich nur in besonders eingerichteten Laboratorien und Instituten ausführen lassen. Und das ist wohl der eigentliche Grund dafür gewesen, daß die Bakteriologie eine selbständige Disziplin geworden ist und vorläufig auch wohl bleiben wird.

Wenn ich nunmehr dazu übergehe, dem akademischen Brauche entsprechend, von meiner wissenschaftlichen Laufbahn und insbesondere von meinen Beziehungen zur Bakteriologie zu berichten, so möchte ich zunächst erwähnen, daß ich auf der Universität keine unmittelbare Anregung für meine spätere wissenschaftliche Richtung empfangen habe, einfach aus dem Grunde, weil es damals noch keine Bakteriologie gab. Dennoch möchte ich einiger meiner damaligen Lehrer in Dankbarkeit gedenken, nämlich des Anatomen Henle, des Klinikers Hasse und besonders des Physiologen Meissner, welche den Sinn für wissenschaftliche Forschung in mir geweckt haben.

Nach Beendigung des Studiums in die ärztliche Praxis übergegangen, habe ich jede Gelegenheit zu wissenschaftlichen Arbeiten wahrgenommen. Eine der ersten Aufgaben, welche sich mir bot, war das Vorkommen eigentümlicher stäbchenartiger Gebilde im Blute von milzbrandkranken Tieren. Ich brachte diese Stäbchen, welche wir jetzt als Milzbrandbazillen kennen, außerhalb des tierischen Körpers unter möglichst natürliche Bedingungen und konnte dann bei fortgesetzter Beobachtung unter dem Mikroskop konstatieren, daß die Stäbchen vor meinen Augen zu langen Fäden auswuchsen, Sporen bildeten und einen zwar einfachen, aber vollständig geschlossenen Entwicklungskreislauf durchmachten, welcher sich in Übereinstimmung mit dem ätiologischen Verhalten der Milzbrandkrankheit bringen ließ. Ich würde diese Studien für mich noch weiter fortgesetzt haben; aber da gerade zu jener Zeit ein namhafter Botaniker die Milzbrandstäbchen für kristalloide Gebilde erklärte, so schien es mir doch geboten, meine Beobachtungen zu veröffentlichen. Ich hatte aber bei diesen Arbeiten erfahren, wie schwierig es war, meine Bazillenkulturen vor Verunreinigungen durch andere Bakterien zu bewahren und den dadurch bedingten Fehlerquellen aus dem Wege zu gehen. Offenbar waren die damaligen primitiven Untersuchungsmethoden ganz ungenügend, um tiefer in das Dunkel, welches die pathogenen Mikroorganismen verhüllte, einzudringen. Hatte doch Naegeli, einer der bedeutendsten damaligen Botaniker, erklärt, daß er tausende von Formen der Spaltpilze (so nannte man damals die Bakterien) untersucht habe, ohne einen Grund zur Trennung in spezifische Formen gefunden zu haben. Er unterschied zwar zwischen Fäulnispilzen und Kontagienpilzen, nahm aber an, daß dieselben in kurzer Frist wechselseitig ineinander übergehen könnten. Sein Schüler Buchner, später einer unserer tüchtigsten Forscher, behauptete, die Milzbrandbazillen in Heubazillen und umgekehrt umgezüchtet zu haben. Um derartigen Behauptungen, welche meinen Beobachtungen an den Milzbrandbazillen direkt widersprachen, entgegentreten zu können, mußten also leistungsfähigere Methoden gefunden werden. Dieser Aufgabe habe ich mich dann längere Zeit ausschließlich gewidmet, und es gelang mir, die mikroskopische Untersuchung der Bakterien durch Änderungen in der Präparation, Färbung und Beleuchtung der gefärbten Bakterien wesentlich zu verbessern. Ferner wurde es durch Verwendung fester Nährböden an Stelle der bis dahin ausschließlich benutzten flüssigen ermöglicht, die einzelnen Keime getrennt zur Entwicklung zu bringen, und auf diese Weise einwandfreie Reinkulturen der Mikroorganismen zu erzielen. Mit Hilfe des festen Nährbodens ließ sich auch das Vorkommen der Mikroorganismen in der Luft, im Boden und im Wasser, und zwar nicht nur in bezug auf die verschiedenen Arten, sondern selbst nach der Anzahl der Individuen feststellen und auf diese Weise eine sichere Beurteilung des Vorkommens von Krankheitserregern in diesen Medien gewinnen. Diese neuen Methoden haben sich so hilfreich und nützlich für eine große Anzahl von Aufgaben erwiesen, daß man sie geradezu als den Schlüssel für die weitere Erforschung der Mikroorganismen, wenigstens soweit medizinische Fragen in Betracht kommen, bezeichnen kann.

Nachdem ich dieselben möglichst weit entwickelt und mich damit eingeübt hatte, ging ich an ihre Verwendung zum Studium der pathogenen Mikroorganismen, und es gelang dann mir und meinen Mitarbeitern in rascher Folge die Erreger und damit die Ätiologie einer Anzahl von Infektionskrankheiten zu entdecken, von denen ich nur die Wundinfektionskrankheiten,

Tuberkulose, Cholera, Typhus, Diphtheritis, nennen will. Diese Entdeckungen, welche, nachdem die richtigen Methoden gefunden waren, uns gewissermaßen wie reife Früchte in den Schoß fielen, wurden dann auch für praktische Zwecke möglichst ausgenutzt; so für die Seuchenbekämpfung, wie sie in bezug auf Cholera, Typhus, Malaria mit Erfolg ausgeübt wird; ferner für die spezifische Prophylaxis und Behandlung der Infektionskrankheiten, teils direkt mit Präparaten, welche aus den Bakterienkulturen gewonnen werden, teils indirekt durch Vermittlung von Tieren, welche, nachdem sie mit Hilfe der Bakterienkulturen immunisiert sind, den Heilstoff in ihrem Blutserum enthalten.

Solange es sich bei diesen Forschungen um einheimische Krankheiten handelte, konnten die betreffenden Untersuchungen im Inlande ausgeführt werden. Als sich dann aber die Notwendigkeit ergab, auch exotische Seuchen wie Cholera und Pest in den Bereich der Untersuchungen zu ziehen, da blieb nichts anderes übrig, als die Arbeitsstätte in die Heimat dieser Seuchen zu verlegen. Die hierdurch veranlaßten Expeditionen haben mich eine Reihe von Jahren hindurch in tropische Länder geführt. Bei dieser Gelegenheit lernte ich aber auch eine Anzahl von Protozoen als Krankheitserreger kennen. Diese Mikroorganismen haben das Gemeinsame, daß sie nicht direkt vom Kranken auf den Gesunden, sondern nur durch Vermittlung von Zwischenwirten, als welche in der Regel blutsaugende Insekten funktionieren, übertragen werden. Die ätiologischen Verhältnisse gestalten sich infolgedessen viel komplizierter als bei den bakteriellen Krankheiten, aber auch weit interessanter. Zu den hierher gehörigen, von mir untersuchten Krankheiten gehören die Malaria, einige durch Trypanosomen bedingte Krankheiten, darunter die Schlafkrankheit, und einige Piroplasmosen.

In der Rinderpest und in der Horse-Sickness hatte ich dann ferner solche Seuchen zu untersuchen, deren Erreger bisher noch nicht sichtbar gemacht werden konnten.

Seitdem diese Expeditionen einen Abschluß gefunden haben, habe ich mich einem Arbeitsgebiet wieder zugewandt, das mich früher lange Zeit fast ausschließlich beschäftigt hat und das ich wegen der Auslandsreisen in Stich lassen mußte, nämlich der Tuberkulose. Diese Krankheit enthält noch so viele Probleme und ist zugleich von so eminenter praktischer Bedeutung, daß es sich wohl verlohnt, sich intensiv mit ihr zu beschäftigen. Für mich besteht aber noch eine besondere Veranlassung hierzu, nämlich die Begründung einer meinen Namen tragenden Stiftung, welche dazu bestimmt ist, die für Tuberkuloseforschung erforderlichen Mittel zu gewähren, und zwar unter vorzugsweiser Berücksichtigung der von mir und meinen Mitarbeitern unternommenen Untersuchungen.

Zum Schluß möchte ich mir erlauben, den Herren Mitgliedern der Akademie meinen ganz ergebenen Dank dafür auszusprechen, daß sie mir die hohe Ehre erwiesen haben, mich in ihren Kreis aufzunehmen, und daran die Bitte um Entschuldigung zu knüpfen, daß ich wegen der in den letzten Jahren unternommenen wissenschaftlichen Expeditionen erst jetzt dazu gekommen bin, die übliche Antrittsrede zu halten.

SITZUNGSBERICHTE 1905.

DER **XLVI.**

KÖNIGLICH PREUSSISCHEN

AKADEMIE DER WISSENSCHAFTEN.

23. November. Sitzung der physikalisch-mathematischen Classe.

Vorsitzender Secretar: Hr. Waldeyer.

Über die Unterscheidung der Trypanosomenarten.

Von R. Koch.

Unter den pathogenen Protozoen sind, soweit es sich zur Zeit übersehen läßt, die Trypanosomen am weitesten verbreitet. Man trifft sie als Blutparasiten in allen Classen der Wirbelthiere. Eine praktische Bedeutung haben aber für uns vorläufig nur diejenigen, welche bei den Säugethieren und insbesondere beim Menschen vorkommen. Auch von diesen kennt man bereits eine nicht geringe Anzahl, von denen als Beispiele aufgeführt werden mögen: *Tr. Brucei* (Tsetsekrankheit), *Tr. Evansi* (Surra), *Tr. equiperdum* (Dourine), *Tr. equinum* (Mal de Caderas), *Tr. gambiense* (Schlafkrankheit). Dazu kommen aber fortwährend noch weitere Befunde in Thieren, welche bis dahin noch nicht untersucht wurden, und aus Gegenden, die noch nicht durchforscht waren.

Es wäre nun sehr erwünscht, wenn man die bislang beschriebenen und als besondere Arten aufgeführten Trypanosomen mit Sicherheit von einander unterscheiden könnte, denn die Maassregeln, welche gegen die betreffenden Seuchen zu ergreifen sind, müssen sich in erster Linie auf eine zuverlässige Diagnose stützen. An einer sicheren Diagnose fehlt es aber noch bei den meisten und gerade bei den wichtigsten Trypanosomen. Nur ganz wenige Arten besitzen constante morphologische Kennzeichen, an denen man sie ohne Weiteres von den anderen Trypanosomen unterscheiden kann.

So ist namentlich das *Trypanosoma Theileri* durch seine bedeutende Grösse und durch die Form und Stellung des Blepharoplasten, ferner das *Tr. Lewisi* durch die Lage der Blepharoplasten gut charakterisirt. Diese beiden zeigen ausserdem ganz bestimmte pathogene Eigenschaften, indem das erstere nur für Rinder, das letztere ausschliesslich für Ratten pathogen ist, während die anderen Trypanosomen auf mehr oder weniger zahlreiche Arten von Thieren übertragen werden können.

Der Grund dafür, dass letztere so schwierig oder gar nicht zu unterscheiden sind, liegt darin, dass die morphologischen Eigenschaften der Trypanosomen sehr schwankend sind.

Sie können schon bei einer und derselben Thierart in Grösse und Gestalt recht verschieden sein, aber ganz auffallend werden diese Differenzen, wenn man Exemplare desselben Trypanosoma mit einander vergleicht, die sich im Blute verschiedener Thiere entwickelt haben.

Um nun zu einer sicheren Unterscheidung der weniger gut charakterisirten Trypanosomen zu gelangen, hat man verschiedene Wege eingeschlagen.

Man hat zunächst versucht, ihre pathogenen Eigenschaften zu verwerthen, und hat eine besondere Art aufgestellt, wenn das betreffende Trypanosoma sich zwar für mehrere Thierarten pathogen, aber für eine derselben, z. B. für das Rind, Pferd oder Dromedar, besonders virulent verhielt.

Sehr bald stellte sich aber heraus, dass man die Virulenz der Trypanosomen für diesen Zweck doch nicht verwerthen kann, weil dieselbe ebenso wie die morphologischen Eigenschaften eine sehr schwankende ist.

Es lassen sich nämlich die Trypanosomen durch fortgesetztes Weiterimpfen in einer bestimmten Thierart, z. B. im Hund oder Pferd, zu einer für dieses Thier grösseren Virulenz künstlich heranzüchten. Man würde also, wenn die Virulenz als maassgebende Eigenschaft angesehen wird, aus einer Art leicht und in verhältnissmässig kurzer Zeit mehrere neue Arten herauszüchten können.

Derselbe Einwand gilt auch für die von Laveran vorgeschlagene Methode. Dieselbe besteht darin, dass Thiere mit einer bestimmten Trypanosomenart immunisiert und dann darauf untersucht werden, ob sie durch ein anderes zu prüfendes Trypanosoma noch inficirt werden können. Der negative Ausfall des Experiments würde für die Identität, der positive für die Differenz der beiden Trypanosomaarten sprechen. Nun ist aber nachgewiesen, dass Hunde und Pferde, welche sich gegen den wenig virulenten Stamm eines Trypanosoma immun verhielten, durch denselben Stamm, nachdem er zu einer höheren Virulenz herangezüchtet war, inficirt und sogar getödtet wurden. Man würde also auch in diesem Falle auf Grund des Verhaltens gegen die Immunität eine Art in mehrere zerlegen müssen.

Es bleibt also nichts weiter übrig, als wieder auf das morphologische Verhalten der Trypanosomen für ihre Unterscheidung zurückzugreifen; man muss sich aber nicht, wie bisher, auf die im Blute des Wirthsthieres vorkommenden Formen beschränken, sondern den gesammten Entwickelungsgang der betreffenden Trypanosomen untersuchen.

Es liegen hier ähnliche Verhältnisse vor wie bei anderen Protozoen, wie z. B. bei den Malariaparasiten, welche in ihrem Entwickelungskreis in dem einen oder dem anderen Stadium Formen annehmen können, z. B. die einfache Ringform, in welcher Tertiana-, Quartana- und Tropicaparasiten nicht mit Sicherheit von einander zu unterscheiden sind, während dies in anderen Stadien ohne Schwierigkeit möglich ist.

In Bezug auf die Entwickelungsgeschichte der Trypanosomen ist allerdings bis jetzt noch recht wenig bekannt. Das, was man dafür gehalten hat, beschränkt sich auf einfache Theilungsvorgänge. Nur für das *Trypanosoma Lewisi* scheint es Prowazek gelungen zu sein, im Zwischenwirth dieses Parasiten (*Haematopinus*) einige Entwickelungsformen nachzuweisen. Aber gerade für die wichtigsten Trypanosomen fehlt es noch an jedem Anhaltspunkt.

Es ist mir nun gelungen, diese Lücke durch Untersuchungen, welche ich im Laufe des letzten Jahres in Ostafrica über Trypanosomen angestellt habe, bis zu einem gewissen Grade auszufüllen. Ich fand nämlich in der *Glossina morsitans* und *Gl. fusca*, welche beide die Tsetsekrankheit (*Tr. Brucei*) übertragen, ferner in der *Gl. palpalis*, welche dieselbe Rolle für die Schlafkrankheit (*Tr. gambiense*) spielt, unzweifelhafte Entwicklungsformen und unter diesen auch solche, mit deren Hülfe man diese beiden Trypanosomen auf Grund morphologischer Kennzeichen sicher unterscheiden kann. Höchst wahrscheinlich werden sich auch bei der vollständigen Aufdeckung der Entwickelungsgeschichte derselben noch weitere derartige Unterscheidungsmerkmale ergeben.

Im Verdauungscanal der inficirten Glossinen wachsen die Trypanosomen zu erheblicher Grösse heran und lassen dann zwei ganz verschiedene Typen erkennen.

Der eine Typus ist charakterisirt durch starken Breitendurchmesser, reichlichen Gehalt an Plasma, welches bei Anwendung der durch GIEMSA modificirten ROMANOWSKY-Färbung einen blauen Farbenton annimmt, und einen rundlichen Kern von lockerem Gefüge.

Der zweite Typus zeigt dagegen einen geringen Durchmesser und in Folge dessen eine schlanke Gestalt, vollständigen Mangel an blaugefärbtem Plasma und einen langgestreckten, fast stabförmigen Kern von dichtem Gefüge, welcher eine dunkle gleichmässige Chromatinfärbung annimmt.

Diese beiden Typen kommen in der *Glossina* neben einander vor, ohne vermittelnde Übergänge, so dass sie beim ersten Anblick den Eindruck machen, als ob sie zwei ganz verschiedenen Arten von Trypanosomen angehören. Da sie aber immer zusammen auftreten und nur in den inficirten Exemplaren der Glossinen gefunden werden, so müssen sie zusammengehören und Abkömmlinge der mit dem Blute aufgenommenen Trypanosomen sein.

Auch im Entwickelungskreis anderer Protozoen finden sich analoge Vorkommnisse und zwar immer beim Übergang von dem asexuellen zum sexuellen Stadium. Am bekanntesten sind dieselben bei den Malariaparasiten, welche in einem gewissen Stadium in Formen einerseits mit reichlichem Plasma neben kleinem Chromatinkörper von lockerem Gefüge, und andererseits mit geringem Plasma neben einem grossen Chromatinkörper von sehr dichtem Gefüge übergehen. Auch beim Proteosoma und Halteridium kommt dasselbe vor.

Nun wissen wir aber, dass bei diesen Protozoen die beiden verschiedenen Formen verschiedenen Geschlechtstypen entsprechen, und dass der eine Typus dem weiblichen, der andere dem männlichen Geschlecht entspricht. Ich glaube daher nicht fehl zu gehen, wenn ich die geschilderten Typen der Trypanosomen in analoger Weise auffasse und den einen Typus für den weiblichen, den anderen für den männlichen halte, obwohl es mir bisher nicht gelungen ist, die weiteren Beziehungen derselben zu einander in einwandsfreier Weise zu ermitteln.

Bei einer genaueren Vergleichung dieser Geschlechtsformen des *Tr. Brucei* und des *Tr. gambiense* hat sich nun weiter herausgestellt, dass dieselben Unterschiede zeigen, welche sich für ihre Trennung in zwei verschiedene Arten verwerthen lassen.

Zunächst in die Augen fallend ist das Verhalten des Blepharoplasten bei dem weiblichen Typus.

Das *Tr. Brucei* hat einen kleinen rundlichen Blepharoplasten von $1^{\text{mm}}.0$ Durchmesser. Das *Tr. gambiense* besitzt dagegen einen auffallend grossen und bei der ROMANOWSKY-Färbung intensiv gefärbten Blepharoplasten. Derselbe ist $1^{\text{mm}}.5$ breit und $2^{\text{mm}}.5$ lang; er hat eine ovale Gestalt und kann mitunter ein geradezu stäbchenartiges Aussehen annehmen. Sehr auffallend ist es, und ich möchte hierauf besonderen Werth legen, dass der längliche Blepharoplast immer quer zur Längsachse des Trypanosomenkörpers gestellt ist.

Ein zweites Unterscheidungsmerkmal, welches vielleicht einen geringeren Werth beansprucht, liefern die Grössenverhältnisse der männlichen Typen der beiden Trypanosomen.

Obwohl die weiblichen Exemplare des *Tr. Brucei* im Allgemeinen kleiner zu sein scheinen als diejenigen des *Tr. gambiense*, sind umgekehrt die männlichen des letzteren auffallend schlanker und zierlicher als die von *Tr. Brucei*.

Die genaueren Abmessungen sind folgende:

		Länge	Breite
Tr. Brucei	Weibchen	25^{mm}	$3^{\text{mm}}.6$
Tr. gambiense	Weibchen	37	3.0
Tr. Brucei	Männchen	40.2	2.1
Tr. gambiense	Männchen	34	0.85

Die beschriebenen Kennzeichen sind so deutlich ausgeprägt und so constant, dass man in jedem einzelnen Falle sofort erkennen kann, welcher Art die betreffenden Trypanosomen angehören. Ich zweifle nicht, dass in gleicher Weise die wichtige und leider immer noch offene Frage, ob *Tr. Brusei* und *Tr. Evansi* identisch oder verschieden sind, entschieden werden kann.

Es muss überhaupt verlangt werden, dass in Zukunft eine Trypanosomenart nur dann als hinreichend charakterisirt gelten kann, wenn ihre Entwickelungsgeschichte, wenigstens in den wesentlichsten Theilen, ermittelt ist.

Ausgegeben am 30. November.

SITZUNGSBERICHTE

1908.

DER

L.

KÖNIGLICH PREUSSISCHEN

AKADEMIE DER WISSENSCHAFTEN.

3. Dezember. Sitzung der physikalisch-mathematischen Classe.

Vorsitzender Secretar: Hr. Auwers.

*1. Hr. Koch berichtete im Anschluss an frühere Beobachtungen über Entwicklungszustände der Trypanosomen, welche im Digestionstractus von Glossinen vorkommen, über weitere dahin gehörige Untersuchungen.

Die Bedeutung dieser neuen Befunde und einige Beziehungen derselben zur Aetiologie der Schlafkrankheit werden erörtert.

Epidemiologie der Tuberkulose.[1])

(Vortrag, gehalten in der Sitzung der Akademie der Wissenschaften zu Berlin am 7. April 1910.)

Von

Dr. R. Koch.

Bei den Untersuchungen über das epidemiologische Verhalten der Tuberkulose haben sich einige interessante und auch praktisch wichtige Tatsachen herausgestellt, über welche berichtet werden soll.

Zuvor einige Bemerkungen über die Art der Untersuchungen, welche im wesentlichen statistische sind. Wollte man dieselben auf das ganze Gebiet der Tuberkulose ausdehnen, dann würde man auf fast unüberwindliche Schwierigkeiten stoßen.

Die Tuberkulose, welche bekanntlich unter sehr verschiedenen Formen auftritt, kommt in sehr geringfügigen, auch latenten Formen so häufig vor, daß sich in bezug hierauf gar keine scharfen Grenzen gegenüber den gesunden Personen ziehen lassen. Man muß sich deswegen auf diejenige Form der Tuberkulose beschränken, welche genügend scharf abzugrenzen und auch sicher zu diagnostizieren ist. Diesen Bedingungen entspricht am besten die Lungentuberkulose, die sogenannte Lungenschwindsucht. Diese Form empfiehlt sich für derartige Untersuchungen auch aus dem Grunde, weil sie die bei weitem häufigste ist, und weil sie die für die Weiterverbreitung der Tuberkulose fast ausschließlich in Frage kommende, also für die Praxis bedeutungsvollste ist.

Wir müssen nun aber noch eine weitere Einschränkung machen, indem wir die Morbiditätsstatistik der Lungenschwindsucht, welche wegen der langen Dauer der Krankheit und der Schwierigkeit, ihren Beginn festzustellen, ebenfalls keine scharfe Abgrenzung zuläßt, beiseite lassen und nur die Mortalitätsstatistik berücksichtigen. Wenn wir dies tun, dann bekommen wir ein einigermaßen zuverlässiges Urmaterial, das den Untersuchungen zugrunde gelegt werden kann.

Ganz zuverlässig würde es allerdings nur dann sein, wenn bei jedem Todesfall infolge von Lungenschwindsucht durch einen Sachverständigen die Obduktion gemacht und auf Grund derselben die Diagnose gestellt würde. Das ist nun aber keineswegs der Fall. Obduktionen werden nur bei einem Bruchteil der Fälle gemacht, und es bleibt somit eine gewisse Unsicherheit bestehen. Dazu kommt noch, daß in manchen Gegenden, selbst in ganzen Ländern aus naheliegenden Gründen eine gewisse Scheu besteht, die Diagnose Lungenschwindsucht auszusprechen, an deren Stelle chronischer Lungenkatarrh und ähnliches als Todesursache angegeben wird. Es ist deswegen nicht immer angängig, die Sterbeziffern von Lungenschwindsucht verschiedener Länder ohne weiteres miteinander zu vergleichen, und es ist zu vermuten, daß in manchen Fällen auffallende Unterschiede durch derartige Verhältnisse bedingt sind. Diese Fehlerquelle spielt aber dann keine wesentliche Rolle, wenn es sich um

---

[1]) Aus Zeitschrift für Hygiene und Infektionskrankheiten, 1910, Bd. 67. Verlag von Veit & Comp., Leipzig. (Nach dem Tode Kochs veröffentlicht.)

Beobachtungen über Zu- oder Abnahme der Mortalität in demselben Lande oder in der gleichen Stadt handelt.

Andererseits ist aber gerade die Lungenschwindsucht ein für statistische Untersuchungen dankbares Objekt, weil die Diagnose derselben wegen der überaus charakteristischen Symptome auch vom Laien mit ziemlicher Sicherheit gestellt werden kann, so daß für manche Fragen, wo es nicht gerade auf absolute Genauigkeit ankommt, auch Angaben verwertet werden können, welche sich nicht auf ärztliche Untersuchungen und Obduktionen stützen.

Wenn wir nun also den Untersuchungen über das epidemiologische Verhalten der Tuberkulose die statistischen Angaben über Schwindsuchtssterblichkeit zugrunde legen, so sei vorweg bemerkt, daß wir der Krankheit schon in den ältesten Berichten begegnen.

In den Schriften des Hippokrates ist eine sehr charakteristische Schilderung der Lungenschwindsucht gegeben, und man kann daraus mit Sicherheit schließen, daß den damaligen Ärzten das Krankheitsbild der Lungentuberkulose ganz geläufig war. Es wird an verschiedenen Stellen gesagt, daß zahlreiche Menschen davon ergriffen seien[1]). Man muß also annehmen, daß die Phthisis schon damals eine ähnliche Rolle spielte, wie in späteren Zeiten.

Die ersten zahlenmäßigen Angaben treffen wir aber erst viel später, und zwar beziehen sich dieselben auf Schweden, wo sie durch die Geistlichen gesammelt wurden.

Wir lernen aus denselben auch die höchsten Zahlen kennen, welche die Phthisissterblichkeit nach den bisherigen Erfahrungen erreichen kann (Taf. 1). Um die Mitte des 18. Jahrhunderts betrug die Mortalität in Schweden auf dem Lande 21,5 auf 10000 Lebende; sie stieg sehr langsam bis auf 27,7 gegen 1830.

Tafel 1.

Lungenschwindsuchts-Sterblichkeit.

(Nach Sundbärg.)

Berechnet auf 10000 Lebende

	in Schweden	in Stockholm
1751–60	21,5	73,2
1761–70	20,6	69,8
1771–80	20,8	74,4
1781–90	23,1	87,7
1791–1800	24,0	85,0
1801–10	25,1	83,7
1811–20	26,9	87,2
1821–30	27,7	93,1
—	—	—
—	—	—
—	—	—
1861–70	30,6	43,3
1871–80	32,4	40,6
1881–90	30,0	34,6
1891–1900	27,0	29,2

Erheblich höhere Zahlen bietet aber die Hauptstadt des Landes, und es entspricht dieses der gewöhnlichen Annahme, daß die Städte wegen der gedrängten Bauart und wegen der

[1]) Aus den Hippokratischen Schriften (nach der Übersetzung von Grimm) — Von den Landseuchen, p. 16: „Denn die Schwindsucht allein, als die einzige, heftigste unter den damals herrschenden Krankheiten, tötete eine Menge.“ — p. 57: „Die größte und gefährlichste Krankheit, welche die meisten tötete, war die Lungensucht.“

damit verbundenen schlechten Wohnungsverhältnisse und ferner wegen der geringeren Widerstandsfähigkeit ihrer Bewohner in bezug auf Tuberkulose ungünstiger gestellt sind als das offene Land. Stockholm hatte um 1750 die Sterbeziffer 73,2, welche bis 1830 auf 93,1 anstieg, also nahezu 100 auf 10000 Lebende oder 1% erreichte.

Das Ansteigen der Phthisismortalität in Stockholm soll nach der Meinung der schwedischen Ärzte durch den Alkoholmißbrauch verursacht sein. Der Ziffer $100^0/_{000}$ begegnet man nun überall da, wo man annehmen kann, daß die ungünstigsten sanitären Verhältnisse bestehen; so z. B. in den Gefängnissen, wenigstens in früheren Zeiten; ferner unter den im Aussterben begriffenen Indianerstämmen Nordamerikas, bei denen auch der Alkohol als Hauptursache wirkt. Nach den übereinstimmenden Angaben verschiedener Reisender sollen die Bewohner von Grönland, welche durch das nordische Klima gezwungen werden, in ihren Hütten eng zusammengedrängt zu leben, wodurch die Ansteckung sehr begünstigt wird, in ganz außergewöhnlicher Weise an Lungenschwindsucht leiden; sie erreichen anscheinend eine noch höhere Ziffer als 100 auf 10000 Lebende.

Mortalitätsziffern, welche sich um 50 auf 10000 Lebende bewegen, trifft man noch im letzten Viertel des 19. Jahrhunderts ziemlich oft, besonders in Städten. Ich führe als Beispiele unter den deutschen Städten an: Düsseldorf mit 55, Elberfeld 59, Osnabrück 52, Köln $50^1/_2$, München 50. Besonders hohe Zahlen finden sich in Österreich-Ungarn, wo für Budapest 50, Preßburg 58, Fiume 66, Wien 72 angegeben werden.

Es folgen dann alle Übergänge bis herab zum vollständigen Fehlen. In einzelnen Gebieten, so in Zentralafrika, fehlt die Tuberkulose noch vollkommen bis auf ganz vereinzelte Fälle, deren Beziehungen zu europäischen Tuberkulosekranken oder zu den Küsten sich noch leicht feststellen lassen. Etwa 7 Todesfälle an Schwindsucht auf 10000 Lebende, das ist zurzeit die unterste Grenze, welche für einige Bezirke in Australien gilt. Aber auch bei uns gibt es Kreise, welche fast diese Grenze erreichen, z. B. der Kreis Osterode im Regierungsbezirk Allenstein.

So niedrige Mortalitätsziffern sind aber erst in den letzten Jahren beobachtet, und das führt mich auf eine der merkwürdigsten Erscheinungen in dem epidemiologischen Verhalten der Tuberkulose, auf welche ich Ihre Aufmerksamkeit ganz besonders lenken möchte, das ist nämlich die fast überall eingetretene bedeutende Abnahme der Lungenschwindsucht, welche sich seit etwa 30 bis 40 Jahren bemerkbar macht.

Zuerst zeigte sich das Absinken der Mortalitätsziffer in England, und so ist es gekommen, daß der englische Hygieniker Farr der erste war, dem dies auffiel und der darauf aufmerksam gemacht hat. Bei uns hat Hirsch, der Verfasser des bekannten Handbuches der historisch-geographischen Pathologie, zuerst darauf hingewiesen.

Zunächst verhielt man sich dieser merkwürdigen Erscheinung gegenüber sehr skeptisch und nahm an, daß Fehler in der Statistik untergelaufen seien, oder daß es sich um vorübergehende Schwankungen der Mortalität handele, wie man sie schon früher, wenn auch nicht in solchem Umfange beobachtet hatte. Als dann aber die Abnahme der Lungenschwindsucht fast überall konstatiert wurde und auch anhielt, da blieb nichts anderes übrig, als sich damit als mit einer Tatsache abzufinden und zu versuchen, eine Erklärung dafür zu finden.

Um eine Vorstellung von der Abnahme der Schwindsucht zu geben, möge als besonders charakteristisches Beispiel das Verhalten der Schwindsuchtssterblichkeit im Königreich Preußen dienen.

Dieselbe ist in einer Kurve dargestellt (Taf. 2). Bis zum Jahre 1886 hielt sich die Mortalitätsziffer mit unregelmäßigen, aber nicht erheblichen Schwankungen ein wenig oberhalb 30; dann tritt die Abnahme ein, welche bis jetzt fast gleichmäßig angehalten hat. Bis zum Jahre 1908 ist die Zahl bis 16,24, also nahezu um 50% gesunken.

Tafel 2.

In Preußen starben an Tuberkulose von je 10 000 Lebenden:

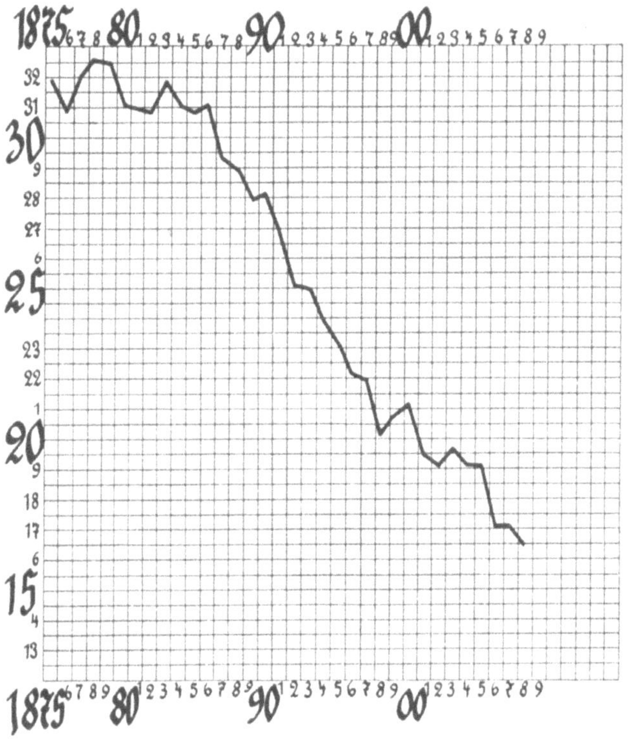

Für das Deutsche Reich gehen die statistischen Aufzeichnungen nicht so weit zurück, daß die Schwindsuchtsabnahme in gleicher Weise zu demonstrieren wäre. Die Kurve für Gesamtdeutschland ist aber, soweit sie reicht, der preußischen sehr ähnlich; sie liegt etwas höher, weil die süddeutschen Staaten nicht so günstige Schwindsuchtsverhältnisse haben wie Preußen.

Welche Bedeutung diese Abnahme der Schwindsucht hat, ist daraus zu ersehen, daß im Deutschen Reiche, wenn dieselben Verhältnisse wie vor 30 Jahren bestehen würden, jetzt jährlich ungefähr 100 000 Menschen an Schwindsucht mehr sterben würden, als es tatsächlich der Fall ist. Wir haben also allen Grund, die Ursachen für die Abnahme der Schwindsucht zu ermitteln, um zu sehen, ob dieselben einer Beeinflussung von unserer Seite zugänglich sind, und ob es möglich sein wird, wenn die Abnahme etwa ins Stocken gerät, die Hindernisse zu beseitigen und womöglich auch ihren jetzigen Gang noch zu beschleunigen.

Es fragt sich also, welches die Ursache oder vielmehr die Ursachen der Abnahme sind, da wohl kaum anzunehmen ist, daß ein einziger Faktor dabei tätig ist.

Man könnte zunächst daran denken, daß die Schwindsuchtssterblichkeit sinkt, weil die allgemeine Sterblichkeit, wie bekannt, auch im Abnehmen begriffen ist. Notwendig würde dies nicht sein, sondern nur dann eintreten, wenn die Ursachen, welche die Gesamtmortalität beeinflussen, auch auf die Lungenschwindsucht wirken. Nun sehen wir aber, daß die Abnahme der letzteren erheblich schneller stattfindet als diejenige der allgemeinen Mortalität, und daß vielmehr diese zu einem großen Teil durch die Abnahme der Lungenschwindsucht bedingt

Tafel 3.

Lungenschwindsuchts-Sterblichkeit in verschiedenen Ländern:

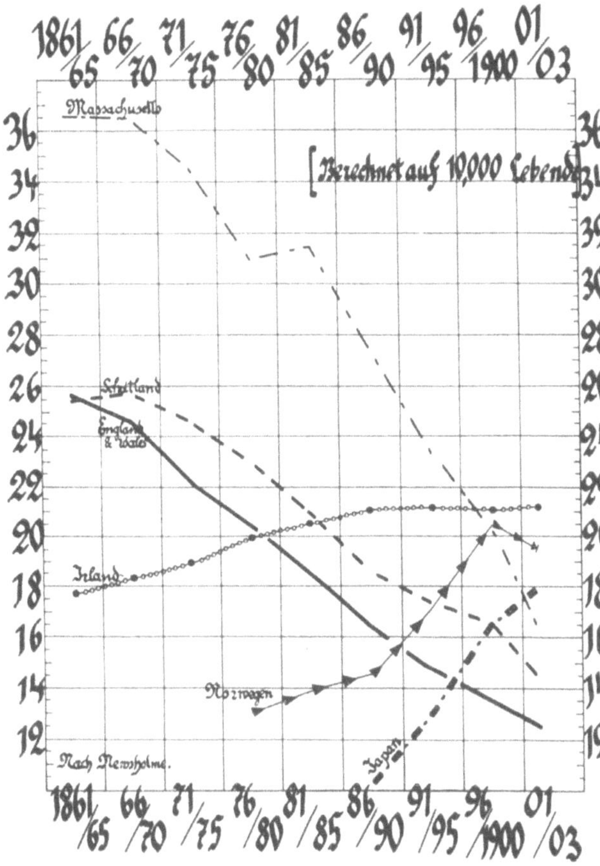

wird. Also muß die Lungenschwindsucht von Faktoren beeinflußt werden, welche ihr eigentümlich sind.

Dann könnte es aber auch als möglich erscheinen, daß die Abnahme der Tuberkulose in dem allgemeinen epidemiologischen Verhalten dieser Krankheit begründet sei, daß die Seuche an und für sich, ebenso wie andere Seuchen, z. B. Pest und Cholera, nach einem gewissen Zeitraum des Bestehens abnehmen müsse.

Wenn es sich so verhielte, dann müßte die Schwindsuchtsabnahme überall in gleichmäßiger Weise vonstatten gehen. Das ist nun aber keineswegs der Fall. In den meisten Ländern geht die Kurve allerdings abwärts, aber es gibt doch auch solche, in denen sie im Ansteigen begriffen ist. So sieht man auf der Zusammenstellung in Taf. 3, daß England und Schottland, ebenso der amerikanische Staat Massachusetts (gewählt, weil seine Statistik weit genug zurückreicht) eine abnehmende Schwindsuchtssterblichkeit haben, während dieselbe in Irland, Norwegen und Japan im Zunehmen begriffen ist. Dieselbe Erscheinung treffen wir auch bei einigen Städten; so haben London, Kopenhagen, Hamburg absteigende Kurven, Paris dagegen hat eine verhältnismäßig hochliegende Kurve, die wenig Neigung zum Abnehmen zeigt (Taf. 4).

Tafel 4.

Lungenschwindsuchts-Sterblichkeit in verschiedenen Städten.

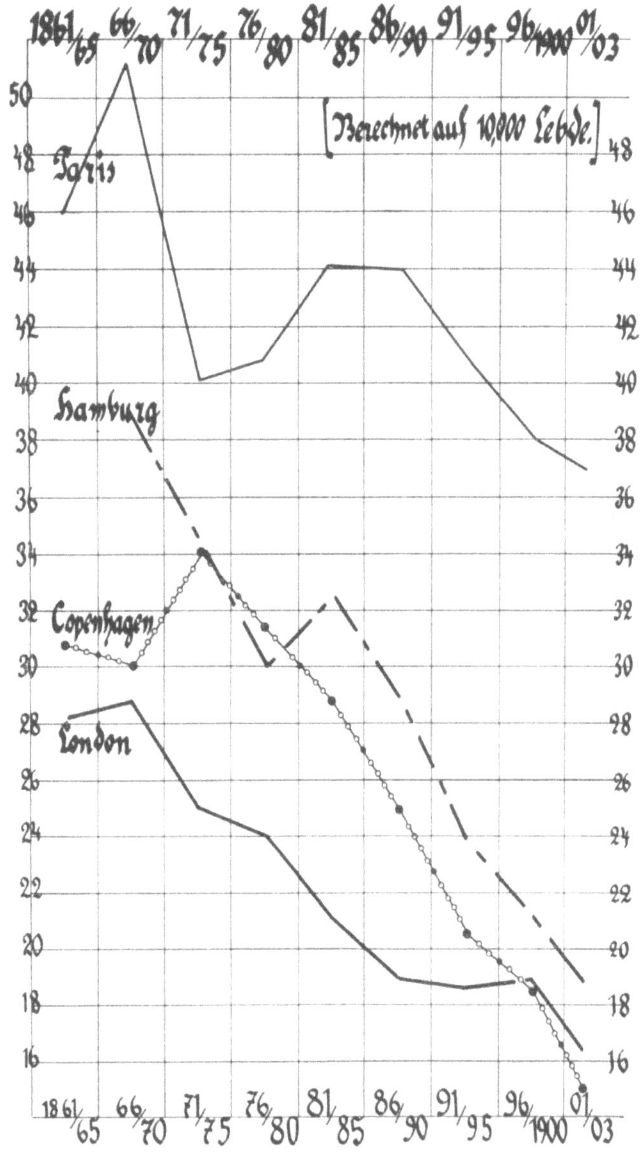

Überhaupt hat Frankreich keine günstige Schwindsuchtsmortalität. In Städten mit mehr als 5000 Einwohnern, von welchen allein die Statistik zur Verfügung steht, sterben 27 auf 10000 Einwohner, und es hat in den Jahren 1901 bis 1906 (soweit sind die Zahlen veröffentlicht) keine Abnahme stattgefunden.

Sehr charakteristische Beispiele für eine günstige Gestaltung der Schwindsuchtsmortalität liefern Hamburg (s. Taf. 5) und Boston (s. Taf. 6).

Tafel 5.

Lungenschwindsuchts-Sterblichkeit in der Stadt Hamburg auf 10000 Einwohner berechnet:

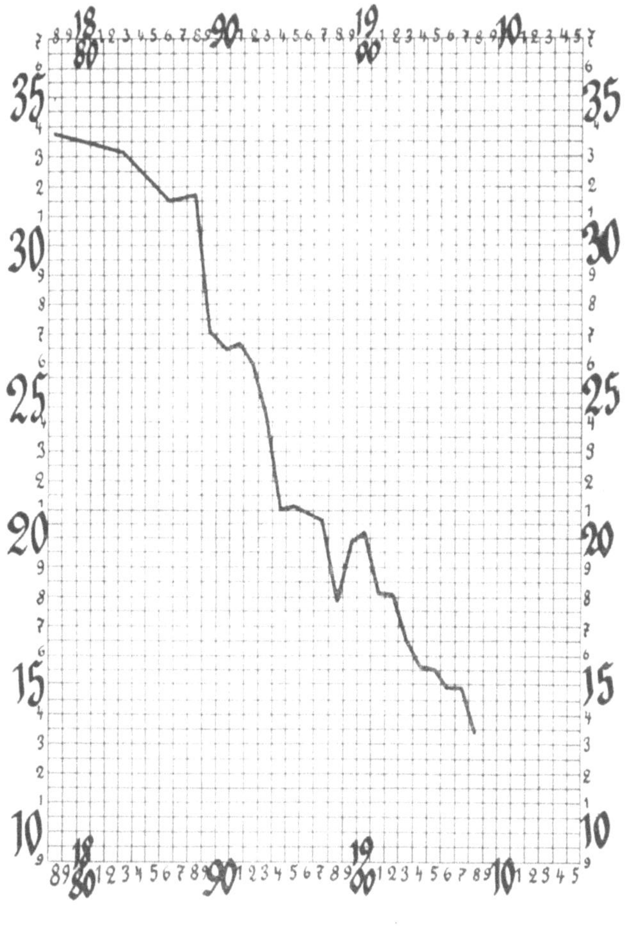

Hamburg verlor vor 1860 37 auf 10000 Einwohner an Schwindsucht, 1880 waren es noch 33,5. Im Jahre 1907 ist die Verlustzahl bis auf 13,7 heruntergegangen.

Boston hatte bis 1886 eine Schwindsuchtsmortalität von ungefähr 40,0 und 1907 von 18,5.

Diese Zahlen treten noch mehr hervor, wenn man sie mit denjenigen von Städten vergleicht, welche mit Hamburg und Boston sich unter ähnlichen Verhältnissen befinden. Wir wollen zu diesem Zwecke Hamburg mit Berlin (Taf. 7) und Boston mit New York (s. Taf. 8) vergleichen.

An den betreffenden Mortalitätskurven von Hamburg und Boston fällt sofort auf, wie dieselben gleichmäßig sinken, während in New York und ganz besonders in Berlin die Abnahme seit mehreren Jahren nachgelassen hat.

Von einem überall gleichmäßigen Absinken der Schwindsuchtsmortalität kann, wie die angeführten Beispiele, deren Zahl sich leicht vermehren ließe, lehren, nicht die Rede sein,

Tafel 6.

In Boston starben an Lungenschwindsucht von je 10000 Lebenden:

und wir müssen daher nach anderen Faktoren als einer spontanen, im epidemiologischen Gange der Tuberkulose liegenden Ursache der Abnahme suchen.

Man könnte daran denken, daß die Virulenz der Tuberkulose nachgelassen habe. Gegen diesen Erklärungsversuch spricht aber zunächst der Umstand, daß die Abnahme der Tuberkulose ganz plötzlich eingesetzt hat und in wenigen Jahrzehnten vielfach 50% und darüber hinaus erreicht hat. Nachdem die Mortalität der Schwindsucht mehr als 2000 Jahre hindurch eine erhebliche und vielfach eine langsam ansteigende gewesen ist, wird doch darin nicht mit einem Male und ohne irgendwelchen merkbaren Grund eine Änderung eintreten. Außerdem müßte sich die Abnahme der Virulenz doch zunächst dadurch bemerkbar machen, daß die einzelnen Fälle von Lungenschwindsucht leichter verliefen und häufiger zur Heilung kommen. Davon ist aber nichts zu bemerken. Es ist allerdings richtig, daß die Behandlung der Tuberkulose in der Neuzeit große Fortschritte gemacht hat, und daß es gelingt, durch die sogenannte hygienisch-diätetische und ganz besonders durch die spezifische Behandlung der Tuberkulose viele Fälle zur Heilung zu bringen. Aber dieses Vorteils wird zurzeit doch nur ein verhältnismäßig geringer Prozentsatz der Tuberkulösen teilhaftig, und man kann sich leider bei den nicht so behandelten Fällen immer wieder davon überzeugen, daß die Lungentuberkulose noch immer denselben mörderischen Charakter hat wie früher. Außerdem hatte die Schwindsuchtsabnahme schon eine Reihe von Jahren angedauert, ehe die neuen Behandlungsmethoden einen einigermaßen beachtenswerten Umfang angenommen hatten.

Von mehreren Seiten ist die Schwindsuchtsabnahme mit der Entdeckung des Tuberkelbazillus in Zusammenhang gebracht. Man hat gesagt, daß dadurch der ansteckende Charakter

Tafel 7.

In Berlin starben an Lungenschwindsucht von je 10 000 Lebenden:

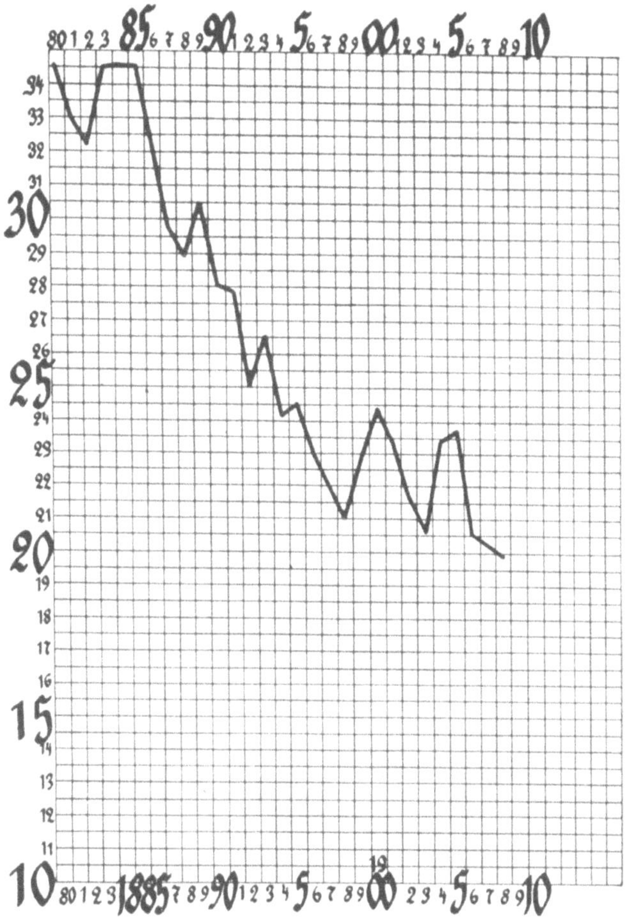

der Schwindsucht bewiesen wurde, und daß die Menschen infolgedessen vorsichtiger wurden und der Ansteckung möglichst aus dem Wege gingen, während bis dahin die Ärzte von der Ansteckungsfähigkeit der Schwindsucht nichts wissen wollten, und das große Publikum ihnen hierin selbstverständlich folgte.

Diese Behauptung hat gewiß manches für sich. Auf jeden Fall ist es im höchsten Grade auffällig, daß mit wenigen Ausnahmen die Schwindsuchtsabnahme überall nur wenige Jahre nach jener Entdeckung eingesetzt hat. Aber gerade diese Ausnahmen beweisen, daß die neu entstandene Furcht vor der Ansteckungsgefahr nicht der einzige Faktor ist, welcher hier in Frage kommt, wenn wir ihm auch einen gewissen und nicht geringen Einfluß zubilligen müssen.

Bei deutschen Autoren begegnet man häufig der Ansicht, daß die soziale Gesetzgebung, namentlich die Krankenversicherung, die Abnahme der Tuberkulose bewirkt habe. Bis zu einem gewissen Grade ist das namentlich mit Rücksicht auf das zeitliche Zusammentreffen in Deutschland unbestreitbar der Fall: da aber in den meisten übrigen Ländern, wo derartige

Tafel 8.

Es starben an Lungenschwindsucht von je 10000 Lebenden:

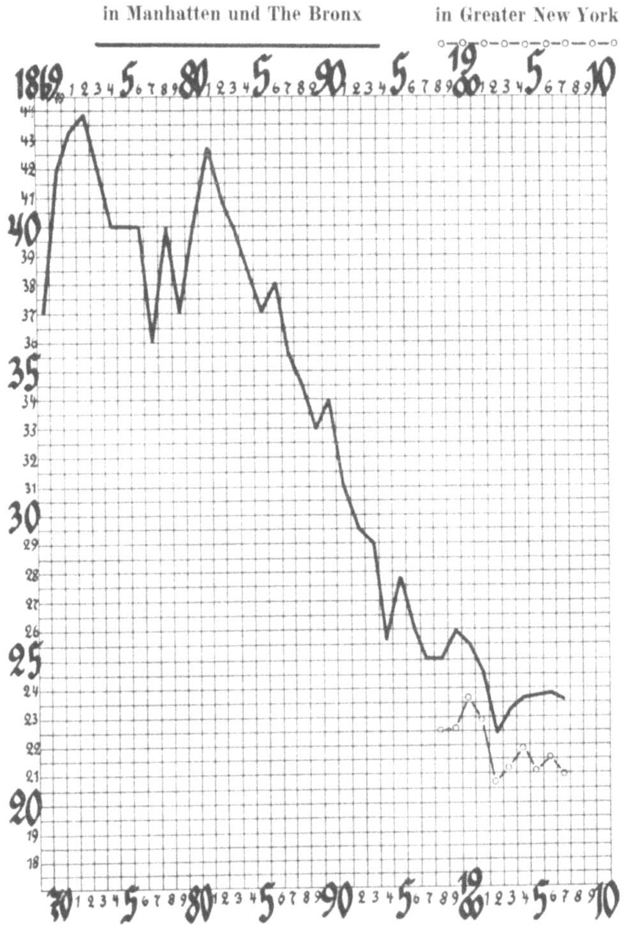

Gesetze noch nicht eingeführt sind, die Abnahme zur selben Zeit und ebenso weit stattgefunden hat, so kann jene Gesetzgebung auch bei uns nicht der ausschlaggebende Grund gewesen sein.

Es würde zu weit führen, wenn ich hier alle bis jetzt unternommenen Erklärungsversuche aufzählen und besprechen wollte. Ich werde mich daher sofort denjenigen Untersuchungen über diese Frage zuwenden, welche nach meiner Ansicht die größte Beachtung verdienen. Diese Untersuchungen wurden durch die auffallende Tatsache veranlaßt, daß sich die Tuberkulosesterblichkeit in den drei zu Großbritannien gehörigen Ländern ganz verschieden verhält. In England und Schottland nimmt sie ab, in Irland nimmt sie dagegen wenn auch nur langsam, aber doch deutlich zu. Dafür die Ursache aufzufinden, hat der bekannte Medizinalstatistiker Newsholme sich bemüht. Mit der größten Gründlichkeit hat er alle dabei in Frage kommenden Faktoren untersucht, hauptsächlich Wohnung, Nahrung, Lohnverhältnisse, Krankenfürsorge, Auswanderung, und er ist schließlich zu der Überzeugung gekommen, daß für Irland die Art und Weise der Krankenfürsorge den ausschlaggebenden Faktor bildet. Während in England und Schottland die der Armenpflege anheimfallenden Phthisiker geschlossenen Anstalten überwiesen werden, erhalten sie in Irland ihre Unterstützung, ohne dadurch verpflichtet zu werden, daß sie sich in eine Anstalt begeben; sie bleiben also in ihrer Behausung und bewirken andauernd in ihrer Umgebung Ansteckung. Newsholme versucht auch den Nachweis zu führen, daß auch in Norwegen die Schwindsuchtssterblichkeit im Zunehmen begriffen ist, weil nicht ausreichend für die Unterkunft der Phthisiker in Krankenanstalten gesorgt ist. Ich möchte hierzu bemerken, daß man diesen Mangel in Norwegen bereits erkannt hat und bemüht ist, demselben durch Begründung von Spezialkrankenanstalten für Schwindsüchtige abzuhelfen. Es scheint so, als ob in den allerletzten Jahren infolgedessen die Mortalitätskurve nicht mehr ansteigt. Newsholme weist ferner auf die auffallend hohe Schwindsuchtssterblichkeit von Paris hin und begründet dieselbe durch die ungenügenden Krankenhausverhältnisse, infolge deren der Aufenthalt der Kranken in denselben zu kurz ist, um einen merklichen Einfluß auf die Verhütung der Ansteckung ausüben zu können.

In bezug darauf, daß eine möglichst ausgiebige und langdauernde Überweisung der Schwindsüchtigen an die Krankenanstalten das wirksamste Mittel ist, um die Ansteckung und damit die Ausbreitung der Schwindsucht zu verhüten, möchte ich Newsholme vollständig beipflichten. Auch nach meinen Erfahrungen hat überall da, wo für die Unterbringung der Schwindsüchtigen in Krankenhäusern in ausreichendem Maße gesorgt ist, die Schwindsucht am meisten abgenommen und umgekehrt. Es liegt ja auch auf der Hand, daß auf keine andere Weise die Ansteckungsgefahr, welche von einem Phthisiker ausgeht, so gründlich beseitigt wird als durch die Isolierung im Krankenhause. Einen schlagenden Beweis dafür liefert übrigens die Lepra, bei welcher es gelungen ist, nach demselben Prinzip die Seuche mit gutem Erfolg zu bekämpfen.

Außer diesem Faktor spielt aber noch ein zweiter eine sehr wichtige Rolle. Es ist dies die Wohnung. Je beengter dieselbe ist, je mehr es ihr an Licht und Luft fehlt, um so mehr wird durch dieselbe die Ansteckung begünstigt. Von vielen Autoren wird der Armut und der Bevölkerungsdichtigkeit ein entscheidender Einfluß auf die Phthisisfrequenz zugeschrieben, und es geschieht dies mit Recht; aber in Wirklichkeit sind es die mangelhaften und zu beengten Wohnungen, in welche durch die Armut und durch die Zunahme der Bevölkerungsdichtigkeit die Menschen getrieben werden. Ich möchte sogar noch einen Schritt weitergehen und den Satz aufstellen, daß es nicht so sehr die Wohnungen im ganzen, sondern die Beschaffenheit des Schlafraumes ist, welche die Gefahr der Ansteckung schafft. Selbst in einer geräumigen und an und für sich gesunden Wohnung kann die Ansteckungsgefahr eine sehr große werden dadurch, daß die Bewohner bei Nacht dicht zusammengedrängt in einem engen Schlafraum zubringen. Es ist gewiß kein Zufall, daß die höchsten Sterblichkeitsziffern für Schwindsucht bei uns nicht in den ärmsten Gegenden der östlichen Provinzen, sondern in den relativ wohlhabenden und weitläufig bebauten Gegenden der Nordseeküste sich finden, wo seit alters her die üble Gewohnheit besteht, daß als Schlafraum schrankähnliche, in die Wand gebaute Behälter, sogenannte Butzen, dienen, welche nachts geschlossen werden, und daß in den nördlichen Gegenden Schwedens mit einem notorisch recht gesunden Klima die höchsten Schwindsuchtsziffern da vorkommen, wo die Leute ebenfalls in Wandschränken schlafen, welche den friesischen Butzen ganz konform sind.

Die auffallende Tatsache, daß bei uns vielfach die Städte eine geringere Schwindsuchtssterblichkeit haben als das benachbarte Land, ist offenbar zum Teil auf den Mangel an Krankenanstalten, zum Teil aber auch auf die schlechte Gewohnheit der Landbewohner zurückzuführen, daß sie, auch wenn ihnen mehrere Wohnräume zur Verfügung stehen, den schlechtesten und engsten zum Schlafraum machen. Als Beispiel für jene Unterschiede mag eine Zusammenstellung für einige preußische Regierungsbezirke nach Stadt und Land getrennt dienen (Taf. 9).

Tafel 9.

Von 10000 Einwohnern starben 1875/79 an Lungenschwindsucht

(Nach Hirsch, Histor.-geogr. Pathologie.)

in den Regierungsbezirken:	in den Städten:	auf dem Lande:
Marienwerder	25,4	13,5
Danzig	23,9	14,1
Königsberg	24,9	14,5
Bromberg	31,3	18,5
Erfurt	26,9	27,0
Breslau	37,3	27,5
Hannover	33,8	44,4
Osnabrück	48,7	52,2
Köln	47,6	53,4

Aber auch in den Städten ist es mit den Wohnungsverhältnissen noch mangelhaft bestellt. Die Zahl der Wohnungen, welche aus einem einzigen Raum bestehen, in dem oft kinderreiche Familien wohnen, kochen und schlafen, oft in einem einzigen Bett, sind noch recht zahlreich. Nach Rubner sind in Hamburg, Berlin, Breslau 10 bis 14% Wohnungen übermäßig belegt, wenn man die Bewohnung eines einfenstrigen Zimmers durch mehr als 5 Personen als überfüllt bezeichnet.

Kayserling hat berechnet, daß von den in ihren Wohnungen verstorbenen Phthisikern 40,6% Einzimmerwohnungen, 41,7% Zweizimmerwohnungen besaßen; daß in Berlin im Laufe von 3 Jahren 8229 Personen allein durch die in einzimmerigen Wohnungen sterbenden Schwindsüchtigen der höchsten Ansteckungsgefahr ausgesetzt wurden. Bekanntlich sind die Schwindsüchtigen im letzten Stadium, wo sie hilflos sind und reichlich tuberkelbazillenhaltiges Sputum auswerfen, ganz besonders ansteckend.

Wenn wir daran festhalten, daß der wirksamste Schutz gegen Ansteckung die Isolierung der Schwindsüchtigen in Krankenanstalten ist, aber dann weiter bedenken, daß die Zahl derjenigen erwachsenen Personen, für welche wegen ihres tuberkulösen Leidens eine Krankenhausbehandlung notwendig wäre, im Deutschen Reiche auf mindestens 150000 bis 200000 jährlich geschätzt wird, und daß es ganz unmöglich ist, diese alle in Krankenanstalten unterzubringen, so wird nichts anderes übrig bleiben, als dieselben zum großen Teil in ihren Wohnungen zu isolieren. Dies würde sich auch einigermaßen ausführen lassen, wenn man dem Kranken einen besonderen Schlafraum überlassen könnte. Aber wie soll das ermöglicht werden, wenn die Wohnung überhaupt nur aus einem Raum besteht?

Diese Betrachtungen zeigen, daß die Abnahme der Schwindsucht in neuerer Zeit durch verschiedene Faktoren bedingt wird, von denen die beiden wichtigsten die Krankenfürsorge mit Isolierung der Phthisiker in Krankenanstalten und die Verbesserung der Wohnungsverhältnisse, insbesondere des Schlafraumes, sind.

Es geht daraus hervor, welche ungeheuren Hindernisse noch überwunden werden müssen, ehe es gelingen wird, die Schwindsuchtsmortalität immer weiter herabzusetzen und schließlich ein Niveau zu erreichen, welches womöglich noch tiefer liegt als das niedrigste zurzeit bestehende von 7 auf 10000 Lebende.

Zu gleicher Zeit ergibt sich aber auch der große Nutzen, welchen uns die genaue Kontrolle der Schwindsuchtssterblichkeit für Länder und Städte verschafft. Die Mortalitätskurve läßt sofort erkennen, ob die Schwindsuchtsverhältnisse ungünstig liegen, ob die Mortalität im Sinken begriffen ist, und ob die ergriffenen Maßregeln noch wirksam sind, oder ob Verbesserungen, Ergänzungen usw. anzuordnen sind. So ist für Norwegen der Verlauf seiner Schwindsuchtskurve Veranlassung gewesen, mit dem Bau von Krankenanstalten vorzugehen und damit ein Absinken der Kurve zu bewerkstelligen.

New York hat, sobald sich herausstellte, daß die Kurve anfing flacher zu verlaufen, und sich stärkere Schwankungen zeigten, ebenfalls beschlossen, die Krankenfürsorge zu verstärken und die 2500 jetzt für Schwindsüchtige zur Verfügung stehenden Betten auf 5000 zu bringen. In Berlin soll aus demselben Grunde ein Spezialkrankenhaus für Lungenschwindsüchtige mit 1000 Betten errichtet werden.

Es ist sehr zu wünschen, daß überall eine derartige genaue Kontrolle geübt wird, und daß dieselbe auf immer kleinere Bezirke ausgedehnt wird, um so tiefer in die Tuberkuloseverhältnisse einzudringen und die für die einzelnen kleineren Ortschaften und ländlichen Bezirke besonders in Frage kommenden Schädlichkeiten aufzudecken und dafür Abhilfe zu schaffen.

Bei uns ist die Statistik schon so weit entwickelt, daß es möglich ist, die einzelnen Kreise in bezug auf ihre Schwindsuchtssterblichkeit zu übersehen. Ich habe hier zwei Regierungsbezirke herausgegriffen, welche sehr anschaulich zeigen, welche interessanten Ergebnisse der Vergleich zwischen den einzelnen Kreisen liefert (Taf. 10).

Tafel 10.

Von 10000 Einwohnern starben 1907 an Tuberkulose

in den **Kreisen**

des **Reg.-Bez. Allenstein** (10,33)		des **Reg.-Bez. Osnabrück** (23,34)	
Osterode	**7,2**	**Osnabrück (Land)**	**15,0**
Johannisburg	**7,7**	**Iburg**	**17,0**
Sensburg	**8,5**	**Osnabrück (Stadt)**	**18,0**
Neidenburg	**9,5**	**Meppen**	**22,8**
Rössel	**10,0**	**Melle**	**24,0**
Ortelsburg	**11,0**	**Aschendorf**	**25,0**
Lyck	**11,5**	**Grafschaft Bentheim**	**25,75**
Lötzen	**11,5**	**Bersenbrück**	**28,0**
Allenstein	**13,0**	**Lingen**	**30,0**
		Wittlage	**30,0**
		Hümmling	**35,0**

Für die eigentliche Tuberkulosebekämpfung wird man sogar noch weiter gehen und auch den Kreis noch in kleinere Bezirke zerlegen müssen, welche zu untersuchen und mit Fürsorgestellen oder anderweitigen Einrichtungen zur Bekämpfung der Seuche zu versehen sind.

Die Mortalitätsstatistik und die sich daran anknüpfenden epidemiologischen Untersuchungen bilden daher ein wichtiges Glied in den Maßregeln, mit welchen die Tuberkulose zu bekämpfen ist.

Gesamtsitzung der Akademie vom 9. Juni 1910:

Die Akademie hat das ordentliche Mitglied der physikalisch-mathematischen Classe Hrn. ROBERT KOCH am 27. Mai durch den Tod verloren.

In der Sitzung vom 7. Juli 1910 hielt RUBNER die Gedächtnisrede auf ROBERT KOCH.

BILDTAFELN

Abb. 1. Bild Robert Kochs aus seinen letzten Lebensjahren (Robert-Koch-Institut, Berlin)

Abb. 2. Vitrine anläßlich der Robert-Koch-Gedenkfeier in der DAdW zu Berlin am 28. 4. 1960

Sie enthält: Gesammelte Werke Robert Kochs; Briefe, Berichte von seiner Hand; seine Personalakten; Festdruck seiner Veröffentlichung über die Wundinfektionskrankheiten (1878); Gipsabguß seiner rechten Hand; links vorn: die Goldmedaille seines Nobelpreises (1905)

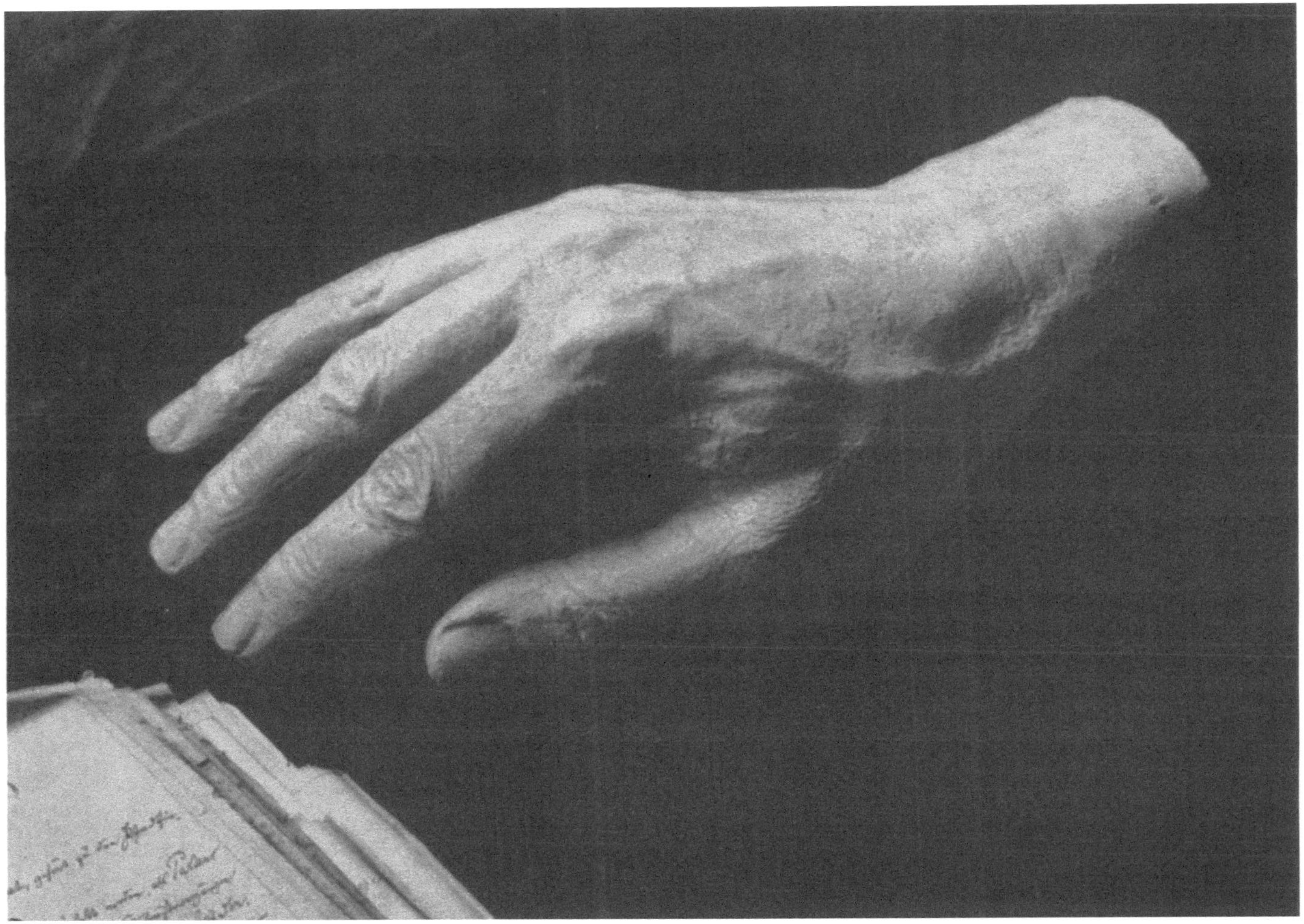

Abb. 3. Gipsabguß von Robert Kochs rechter Hand (Robert-Koch-Institut, Berlin)

Abb. 4. Robert-Koch-Mausoleum (Robert-Koch-Institut, Berlin). Epitaph, das die Asche Robert Kochs birgt

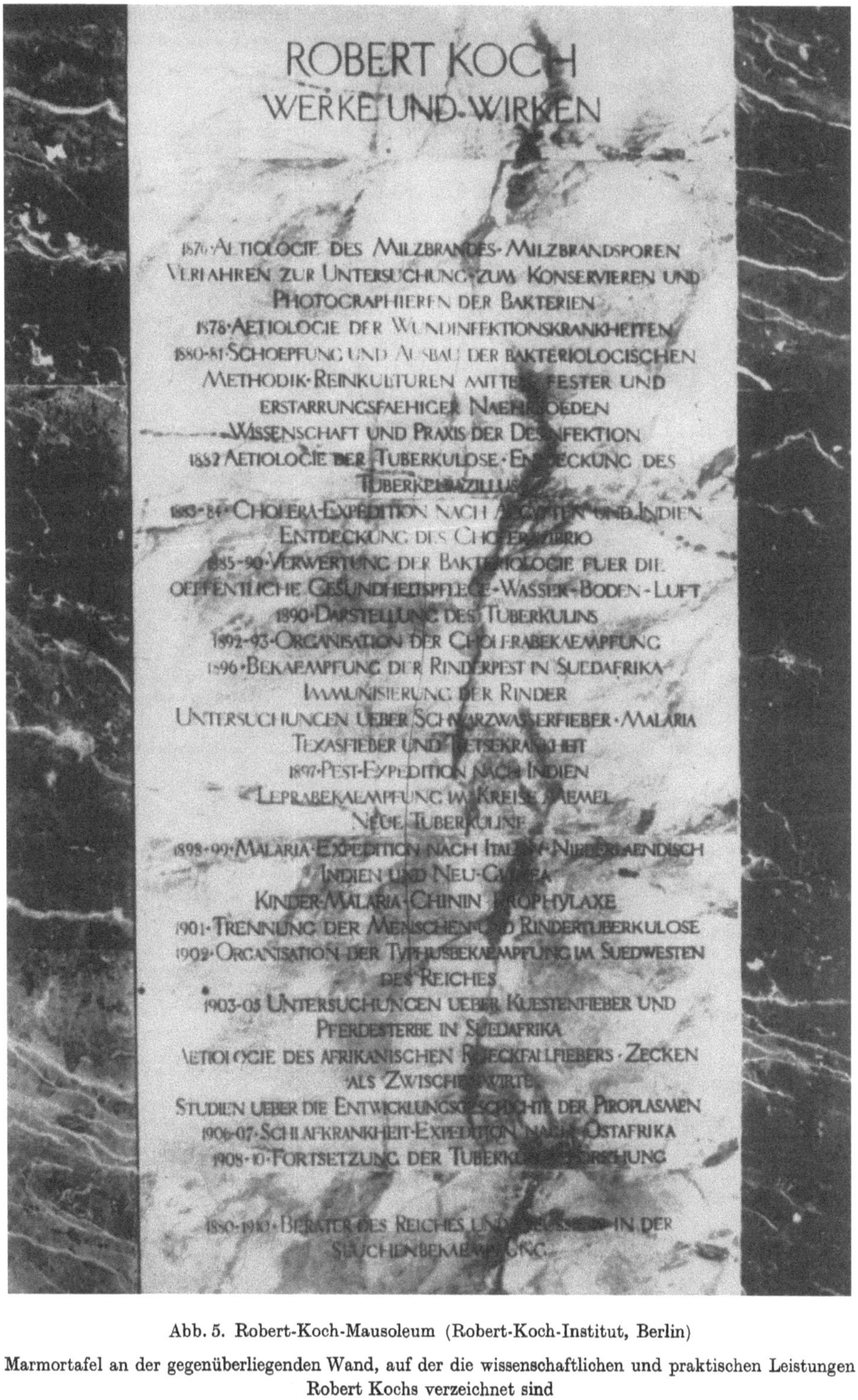

Abb. 5. Robert-Koch-Mausoleum (Robert-Koch-Institut, Berlin)

Marmortafel an der gegenüberliegenden Wand, auf der die wissenschaftlichen und praktischen Leistungen Robert Kochs verzeichnet sind

Abb. 6. Tafel aus Robert Kochs erster Veröffentlichung 1876 über den Milzbrand. (Beiträge zur Biologie der Pflanzen, herausgegeben von Ferdinand Cohn, 2. Bd., 2. H. mit 5 z. T. farbigen Tafeln, Breslau 1876 J. U. Kerns Verl. [Max Müller], S. 277ff. „Die Ätiologie der Milzbrandkrankheit, begründet auf die Entwicklungsgeschichte des Bazillus Anthracis" von Dr. Koch, Kreisphysikus in Wollstein, hierzu Tafel XI.)

Fig. 1. Milzbrandbacillen vom Blut eines Meerschweinchens; die Bacillen als glashelle Stäbchen, zum Theil mit beginnender Quertheilung oder geknickt, a) weisse, b) rothe Blutkörperchen (p. 282)

Fig. 2. Milzbrandbacillen aus der Milz einer Maus, nach dreistündiger Cultur in einem Tropfen Humor aqueus; in Fäden auswachsend, um das 3- bis 8fache verlängert, zum Theil geknickt und gekrümmt (p. 282)

Fig. 3. Gesichtsfeld aus dem nämlichen Präparat nach zehnstündiger Cultur; die Bacillen in lange Fäden ausgewachsen, die oft zu Bündeln um einander geschlungen sind; a) in einzelnen Fäden erscheinen stärker lichtbrechende Körnchen in regelmässigen Abständen (p. 282)

Fig. 4. Gesichtsfeld aus dem nämlichen Präparat nach 24stündiger Cultur; a) in den Fäden haben sich länglich runde Sporen perlschnurartig in regelmässigen Abständen entwickelt; b) manche Fäden sind in Auflösung begriffen, die Sporen frei, einzeln oder in Häufchen zusammengeballt (p. 283)

Fig. 5. Keimung der Sporen; a) mit Hartnack 9 Imm. von Koch, b) mit Seibert VIII Imm. von Cohn gezeichnet (vgl. p. 289). Die Spore verlängert sich in ein walzenförmiges Körperchen, die stark lichtbrechende Masse bleibt an einem Pole liegen, wird kleiner, zerfällt in 2 oder mehr Partien und ist schließlich ganz verschwunden

Fig. 6. Darstellung der Cultur der Milzbrandbacillen in einem hohlgeschliffenen, mit einem Deckglas bedeckten, vermittelst Olivenöl ringsum luftdicht abgeschlossenen und durch einen heizbaren M. Schulze'schen Objecttisch auf Blutwärme erhitzten Objectträger; Natürl. Grösse. Die Bacillen befinden sich in einem Tropfen von frischem Humor aqueus; schon mit blossem Auge erkennt man die von der Stelle der Aussaat in den Tropfen hineingewucherten, leicht flottirenden äusserst feinen Fadenmassen (p. 284)

Fig. 7. Gesichtsfeld aus der Umhüllungsschicht eines unter die Rückenhaut eines Frosches gebrachten Stückchens von der Milz einer milzbrandigen Maus; die Schicht besteht aus grossen, kernhaltigen Zellen. a) in einzelnen Zellen sind mehrere kurze, etwas geknickte oder gekrümmte, zu Haufen vereinigte oder spiralig gedrehte Bacillen (b) aufgenommen, welche in den Zellen weiter wachsen und diese zuletzt sprengen; c) zusammengefallene Zellmembran, g) freigewordene Bacillenspiralen; e) Blutkörperchen des Frosches; auch unveränderte Bacillen sind sichtbar (p. 301)

Fig. 8—10 Heubacillen (Bacillus subtilis):

Fig. 8. Bacillen in lange, parallel neben einander gelagerte Fäden ausgewachsen, welche ein irisirendes Häutchen auf der Oberfläche eines gekochten Heuaufgusses nach 24—48 Stunden bilden; in den Lacunen der Parallelreihen findet man noch bewegliche kurze (b) oder in Verlängerung begriffene Stäbchen (a) (p. 262)

Fig. 9. Sporenbildung in den gegliederten Fäden der Heubacillen nach 3 Tagen (p. 263)

Fig. 10. Bacillusfäden bündelweise durch Schleim verbunden und zu krausen Schleimflocken gruppirt; am linken Ende der Zeichnung beginnt die Bildung der Sporenketten in den Fäden (p. 263)

Fig. 11. Fragment eines Schleimbeutels, in welchem sich die Bildung der Sporenketten vollendet und die einzelnen Bacillusfäden undeutlich geworden, die Sporen aber noch in parallelen Reihen geordnet und durch Schleim zusammengehalten erscheinen (p. 264)

Die Figuren 1—7 sind nach Milzbrandbacillen (Bacillus Anthracis) von Dr. Koch, Fig. 8—11 nach Heubacillen von Prof. Cohn gezeichnet. Vergr. 1—7, 8 und 10 = 650 (gez. mit Hartnack-Immers. IX), von 5b und 9 Vergr. 1650 (gez. mit Seibert-Immers. VIII), von 11 Vergr. 900 (Seibert VI)

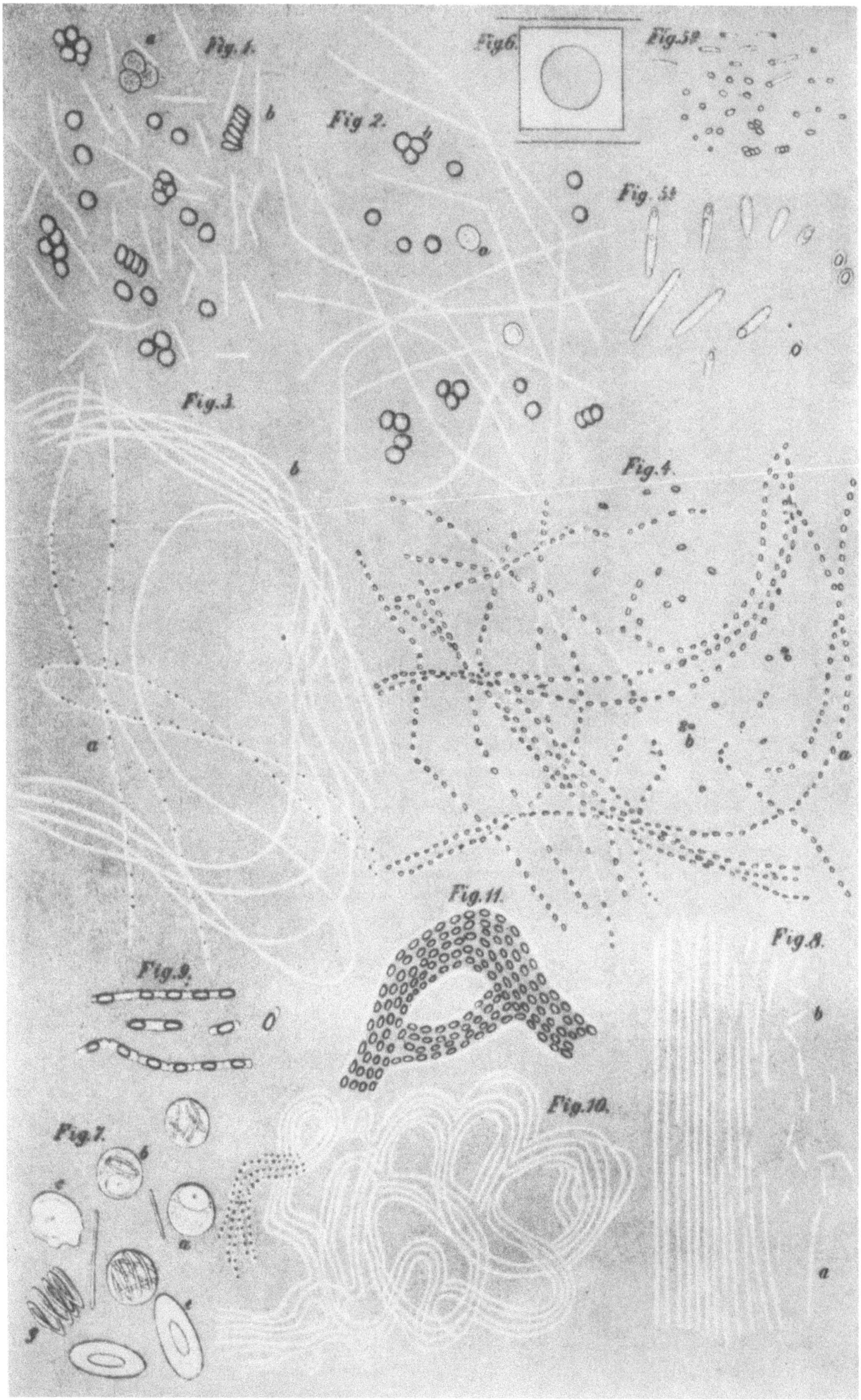

(Erklärung nebenstehend)

Abb. 7. Modell von Robert Kochs Laboratorium in Wollstein, nach den Angaben seiner Tochter 1932 für eine Ausstellung im Ärztehause Berlin zusammengestellt. Ganz links hinter dem Fenster neben der Lampe der Fotoapparat, mit dem Robert Koch seine ersten Lichtbildaufnahmen anfertigte (Robert-Koch-Institut, Berlin)

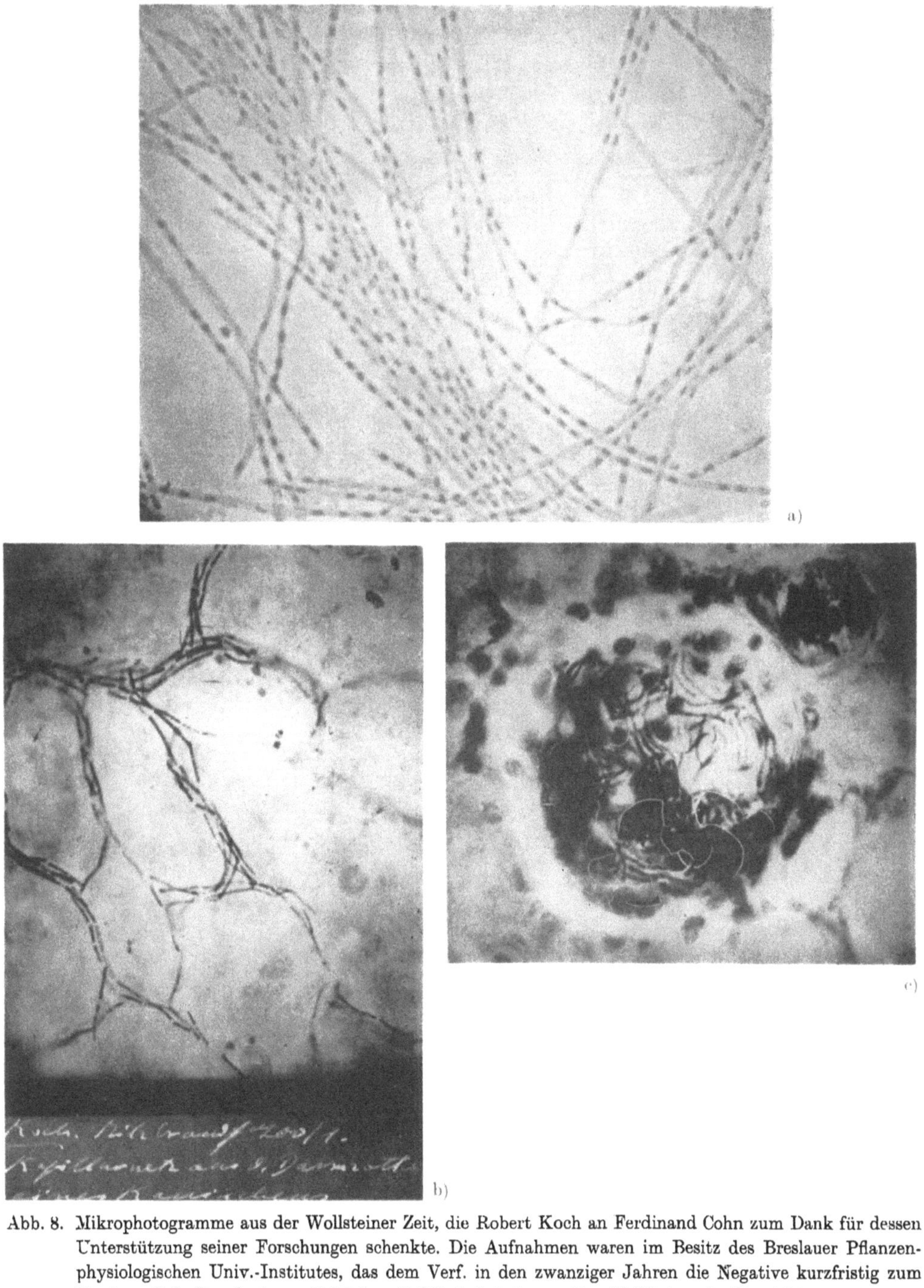

Abb. 8. Mikrophotogramme aus der Wollsteiner Zeit, die Robert Koch an Ferdinand Cohn zum Dank für dessen Unterstützung seiner Forschungen schenkte. Die Aufnahmen waren im Besitz des Breslauer Pflanzenphysiologischen Univ.-Institutes, das dem Verf. in den zwanziger Jahren die Negative kurzfristig zum Kopieren lieh. Durch einen glücklichen Zufall sind sie im zweiten Weltkriege der Vernichtung entgangen

a) Milzbrandbazillenreinkultur mit Sporen
b) Mit Milzbrand infiziertes Kaninchen; Schnittpräparat des Darmes: Milzbrandbazillen in den Capillaren, die die Drüsen umspinnen
c) Das gleiche Kaninchen, Nierenschnitt. Milzbrandbazillen in den Gefäßschlingen eines Glomerulus

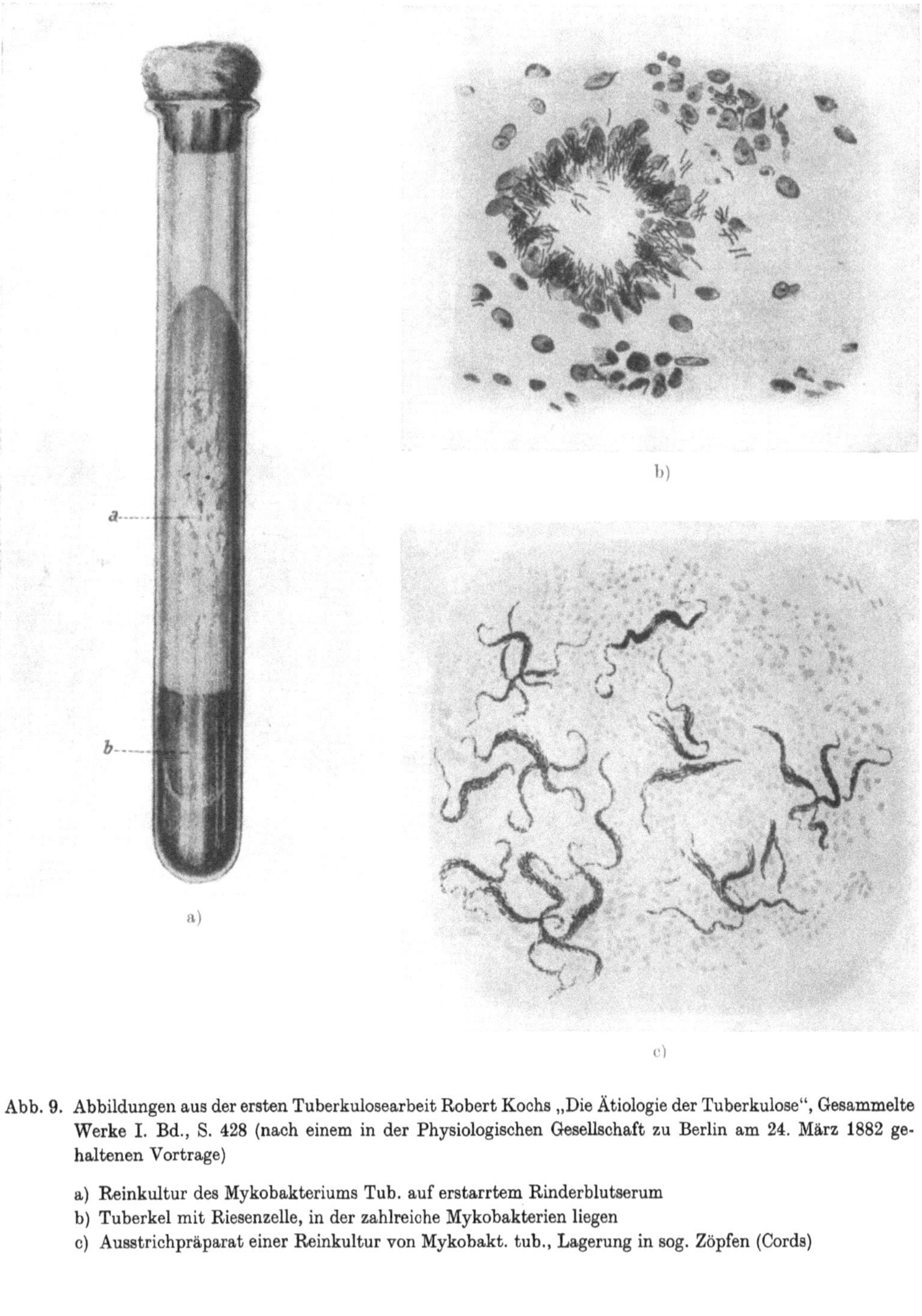

Abb. 9. Abbildungen aus der ersten Tuberkulosearbeit Robert Kochs „Die Ätiologie der Tuberkulose", Gesammelte Werke I. Bd., S. 428 (nach einem in der Physiologischen Gesellschaft zu Berlin am 24. März 1882 gehaltenen Vortrage)

a) Reinkultur des Mykobakteriums Tub. auf erstarrtem Rinderblutserum
b) Tuberkel mit Riesenzelle, in der zahlreiche Mykobakterien liegen
c) Ausstrichpräparat einer Reinkultur von Mykobakt. tub., Lagerung in sog. Zöpfen (Cords)

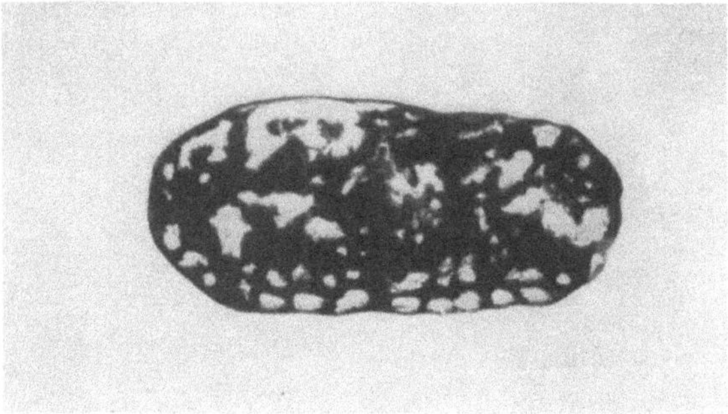

I

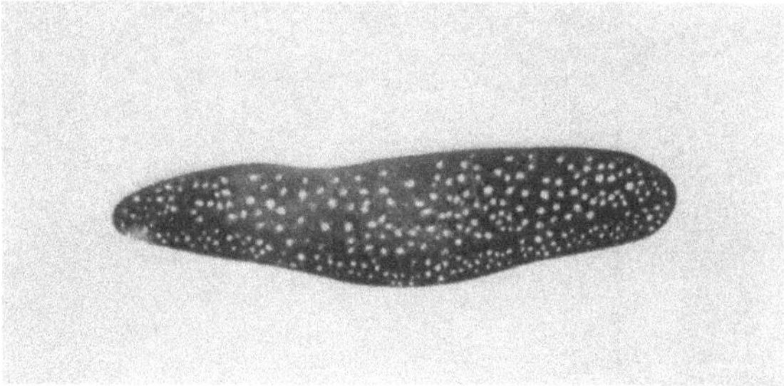

II

Abb. 9. d) Organe von tuberkulös infizierten Tieren

I. „Hochgradig tuberkulöse Milz vom Meerschweinchen. (Nach subkutaner Impfung von Bazillenkulturen)"

II. „Kaninchenmilz mit Miliartuberkeln. (Nach Injektion von Reinkulturen der Tuberkelbazillen in die vordere Augenkammer)"

Abb. 10. Bibliothekszimmer im Hygienischen Univ.-Institut, Berlin, in dem Robert Koch am 24. März 1882 seinen Vortrag „Über Tuberkulose“ hielt. In diesem Raum wurde später eine Gedenktafel angebracht

Abb. 11. Robert Koch auf seiner Schlafkrankheitsexpedition 1905 in Ostafrika (Robert-Koch-Institut, Berlin)

FSC
www.fsc.org
MIX
Papier | Fördert
gute Waldnutzung
FSC® C083411

Kolibri 360 GmbH
Ferdinand-Jühlke-Straße 7
99095 Erfurt, Deutschland
produktsicherheit@kolibri360.de